高成功率配方，

一次學會大廚美味技法！

Preface
作者序

充滿人情味的台灣在地小吃

大家好，我是潘岱儒，出生於南投縣埔里鎮，現居住於國家級的風景區的旅遊、觀光勝地日月潭。求學時期，因為不喜歡唸書又愛玩且叛逆，高一就被迫休學的校長兒子，自民國76年踏入餐飲服務業，從餐廳學徒做起，當年叛逆少年，如今變成大學任教的老師，因此想把30餘年的實務經驗，藉由本書記錄下來，進而繼續傳承下去。

本書精選市面上最受歡迎的小吃、各縣市的在地美食，每一道小吃都有標示適合的食用人數，以及實用高湯沾醬皆標示完成的克數和保存方式（含天數），並特別針對重點作法拍攝步驟圖，讓讀者能輕鬆學。

「麵飯主食類」、「暖胃羹湯類」、「巧食鹹點類」、「甜點冰品類」含近百道的經典小吃，囊括古早味的什錦麵（台語稱為雜菜麵），顧名思義就是麵裏面什麼好料都有；與另一種比較少見的早期台灣小吃（錦魯麵），前者沒勾芡、後者有勾芡，其實源頭都來自於泉州的小吃（滷麵）。另外還有豐原著名的排骨酥麵、彰化從早餐能吃到消夜的爌肉飯、深受喜愛的鹽酥雞、幾乎每個夜市都有的蚵仔煎、聞名國際的珍珠奶茶等，都不藏私的完整呈現在本書。其中「滷肉飯」是最經典的平民美食，作法中完全站在初學者的立場，讓你做出最道地的美味。

自入行以來，本人對於餐飲服務工作充滿熱誠，不曾感到疲乏，因為能從事喜歡的工作是多麼幸福的一件事啊！美食不僅可滿足自己與家人的口腹之欲，更讓我一直有熱情的動力，是來自於顧客的喜悅臉龐，也希望藉由圖文並茂的食譜，燃起大家對台灣小吃與文化的熱情，並且吃得更健康幸福！

「今天不做、明天後悔，因為明天會把今天變成昨天！」～共勉之～

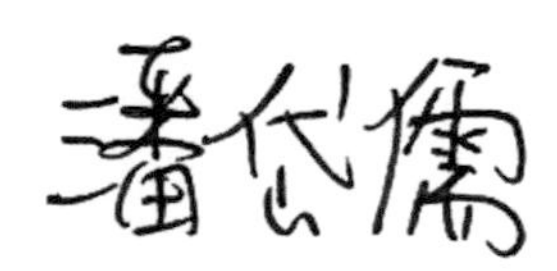

作者簡介

潘岱儒 阿儒師

・現職

明道大學餐旅管理學系助理教授級專業技術人員

南投縣烹飪商業同業公會理事長

・學歷 & 經歷

康寧大學餐飲管理學系管理學碩士

天廬集團日月潭大淶閣餐飲部行政主廚

劍湖山王子大飯店中餐副主廚

景聖樓大飯店行政主廚兼任餐飲部主任

・著作 & 受訪

2014 新台灣料理名廚

2009 健康飲食樂活南投、國民營養美食手冊

2008 南投縣政府衛生局營養食譜

・專業證照

世界中國烹飪聯合會國際評委

中餐烹調乙級技術士

西餐烹調丙級技術士

・獲獎

2017 中餐烹飪世界錦標賽「銀獎」

2013 衛福部 102 年度 FDA 優良廚師

2010 馬來西亞烹爐大觀世界金廚爭霸賽「團體展台特金獎」

2006 世界中國烹飪聯合會第二屆紅口袋中外烹飪技術比賽「金牌」

2005 世界中國烹飪聯合會第一屆紅口袋中外烹飪技術比賽「金牌」

2005 香港國際美食大獎現代中式烹調組「銅牌」

・社會服務

2018 擔任台灣廚藝美食挑戰賽 TCAC 裁判

2012 擔任新加坡第七屆中國烹飪世界大賽國際評委

2010 外交部「臺灣美食文化團」赴澳洲坎培拉、紐西蘭威靈頓及泰國曼谷展演

目錄 Contents

Chapter 1 入門學習課

Chapter 2 美味調味舖

Chapter 3 麵飯主食類

Chapter 4 暖胃羹湯類

Chapter 5 巧食鹹點類

Chapter 6 甜點冰品類

Chapter

1

入門學習課

認識烹調火候與油炸溫度

火候用對下廚很輕鬆

烹調的火候是做菜的基本要訣，火力選擇適當，則菜餚即烹製美味、口感軟脆恰當；火候太大或火候不足，都會影響食物烹調後的品質。在烹製過程中並非只能用一種火力，需根據菜餚型態適當掌握。比如有些魚肉料理，先用大火煎過去除腥味，待煎至兩面呈黃色時，加入調味料燒滾，就改成中火或小火燜燒，盛起時再用大火收汁，使魚肉更入味。只要掌握一些基本原則與技巧，做菜就會很輕鬆。

大火

最強的火力，又稱旺火，火焰超出鍋底。在瓦斯爐上的時間短但食物熟得快，並能保留食材的鮮味，和維持脆、嫩、酥度。

中火

火力介於大火與小火之間，火焰範圍不會超出鍋底及鍋邊，適合煮、蒸、煎或是汆燙烹調法，溫度上升速度適中也不會讓鍋內溫度一下子升太高。

小火

火力小到不熄滅，火焰集中於瓦斯爐最中間，適合爆炒辛香料、煎或長時間滷製的料理，呈現外香酥、內軟嫩。

掌握油溫香酥好控制

油炸方式有過油及炸熟，食材過油是菜餚在烹飪前一項重要的準備工作，也是製作過程中常用的方式。菜餚品質的好壞與油溫、加熱時間關係非常大，如果掌握不妥，那麼美味及外觀品質就達不到標準。

油溫說明與判斷

低油溫大約 80～120℃，俗稱三、四分熱；中油溫指 120～160℃，俗稱六分熱；高油溫一般在 160℃以上，俗稱八分熱。低油溫適用於軟炸、滑炒；中油溫適合乾炸、酥炸；高油溫適合清炸（例如：炸雞、炸魚）。掌握油溫還需看原料大小而定，體積大的則用稍低的油溫及較長時間的加熱，才能使食材受熱均勻。

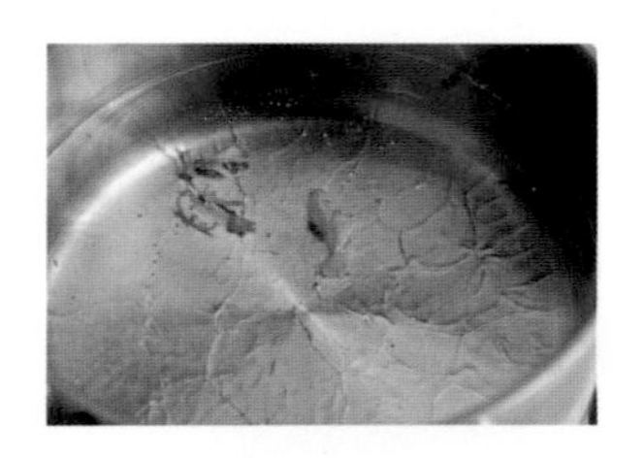

- **低油溫｜80～120℃測試法**

  油鍋內只有細小的泡泡，紅蔥片（或麵糊）滴入油鍋中會先沉到鍋底，稍等一下才會浮起來。

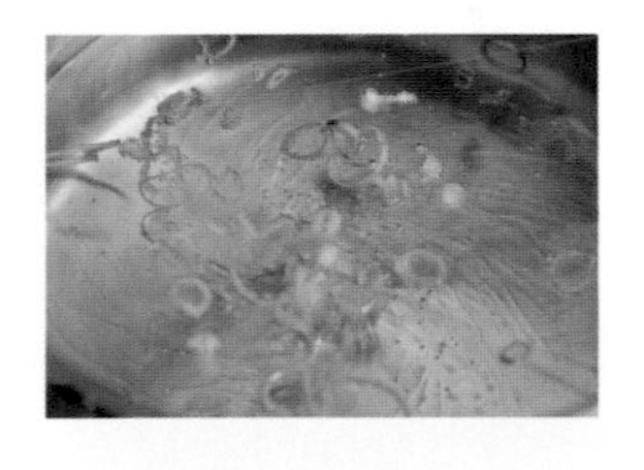

- **中油溫｜約 120～160℃測試法**

  鍋內的油泡會往上升起，紅蔥片（或麵糊）滴入油鍋中沉到鍋底後，會立刻浮起來。

- **高油溫｜約 160℃以上測試法**

  油鍋周圍產生許多泡泡，紅蔥片（或麵糊）麵糊滴入油鍋中，沉到鍋底之前就會浮起來。

提升美味的調味料與辛香料

調味料

白醋

傳統的釀醋原料主要是糯米或糙米為主，目前也有以碎米、玉米、地瓜、馬鈴薯等代替。白醋清澈透明帶淡黃色、醋酸味足夠，適合製作沾醬、醃漬材料，或是加入肉類中，可軟化蛋白質，使肉的口感更軟嫩。

五香粉

常用於中餐烹調的辛香調味，主要由種辛香料（花椒、八角、桂皮、丁香、小茴香）研磨製成，香氣濃郁，適合使用於滷製或醃製品調味。

烏醋

使用釀造米醋為基底，再加入蔬果或蔬果濃縮汁及辛香料、糖、鹽等經過釀製而成，因此顏色較黑，適合調味於燉煮、紅燒料理調味，或是製作沾醬材料。

肉桂粉

由肉桂的乾皮和枝皮製成粉末後稱為肉桂粉，具令人喜愛的芳香，使用範圍廣泛，適合點心、中餐和西餐調味。

蠔 油

用鮮蚵熬製成的調味料，外觀為深啡色、質感黏稠，能帶出食物的鮮味，可用於醃製、炒、燒等烹調方式。

蒜 頭 粉

蒜頭研磨而成的粉狀調味品，舉凡用來醃肉片、魚類或是直接添加於料理，都能增加豐富濃郁口感。

醬 油

台灣閩南語稱為豆油，因製法分成純釀、非純釀或調和醬油三種。製造醬油一般以大豆為主要原料，加入水、食鹽經過製麴和發酵，釀造出來的液體，適合用來滷、煮、燒類調味。

胡 椒 粉

是台灣小吃常用調味料，分成白胡椒粉、黑胡椒粉兩種。白胡椒粉為成熟的果實脫去果皮的種子加工而成，顏色灰白、香氣較濃；黑胡椒粉是未成熟而曬乾的果實加工而成，顏色較黑且香氣淡。

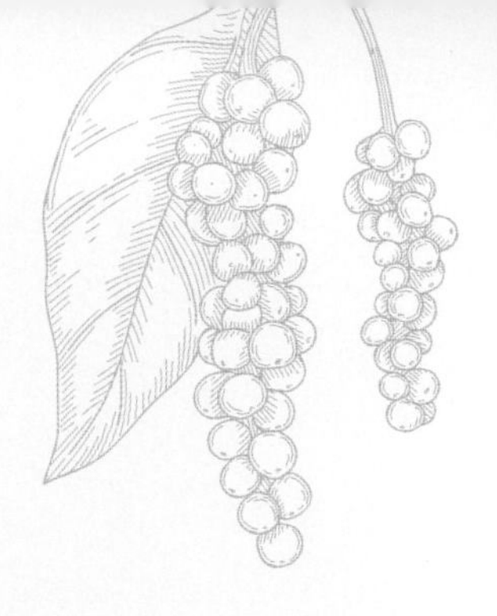

醬油膏

醬油膏大部分是以醬油為基底，另外添加澱粉成分來達到濃稠性，或加其他材料提升鮮味。適合沾食、涼拌、拌麵、炒飯、蒸魚、燒烤等烹調方式。

胡麻油

是以黑芝麻為原料壓榨而成的食用油，又稱為黑麻油、麻油，外觀呈清澈的深褐色澤，香氣濃郁。多用於麻油雞等燉補小吃。

香油

是以白芝麻為原料壓榨而成的食用油，因為氣味清香，料理或湯品烹調完成前加入幾滴，可以豐富滋味，使菜餚更香滑可口。

米酒

以稻米為主要製酒原料的酒，可以去除魚腥味和做為調味用途，是台灣小吃經常出現的調味品，例如：薑母鴨、麻油雞、羊肉爐、燒酒雞等。

糖類

二砂糖

又稱為赤砂、二砂、二號砂糖、粗糖，是製糖過程中的初級產品，可以直接食用，具有獨特的甘蔗蜜香風味，經常被拿來製作甜品糖水，而用於滷製食物上也能達到增色效果。

白砂糖

分成顆粒較細的精製細砂與顆粒稍粗的精製特砂，屬於用途最廣的糖類，無論是烹調、烘焙或飲料等都可使用，能增加甜度與加熱後的香氣和色澤。

冰糖

顆粒比特砂、細砂還大，由於是白砂糖溶解再結晶後製成，則一公斤的白砂糖大約只能提煉出半公斤的冰糖。冰糖純度高、穩定性也高、口感甘醇溫順，常廣泛用於滷製品、滷肉飯調味。

黑糖

又稱為紅糖，傳統製法是將甘蔗榨汁經濃縮、冷卻結晶而成，能保留豐富的礦物質、顏色偏深黑、香氣濃郁，適合製作黑糖糕、黑糖水等。

• 糖的顏色會影響甜度？

烹調及烘焙用途的白砂糖、黑糖、冰糖，一開始的提煉方法都相同，之所以有各種不同顏色、型態的糖，原因在於最後精製與脫色的程度不一樣。精製的程度愈高則顏色愈白、純度愈高，但是甜度卻不會因為純度高而增加。

甘蔗製糖過程中，結晶、分蜜後的粗糖因仍然含有少量礦物質及有機物，所以帶淡褐色，若再經過精煉、分級，即可得到精製細砂糖、精製特砂糖，這時候的糖因為純度較高、雜質較少，故呈現白色。最後可將精製特砂糖回熔再結晶加工處理，就可以產出傳統冰糖、晶冰糖等。

粉類

中筋麵粉

蛋白質含量為9.5～12%，適合製作鹹味中式麵食或中式甜點，例如：包子、饅頭、麵條、餃子和小籠包等，屬於最萬用的麵粉。沒有中筋麵粉的情況下，也可將高筋和低筋麵粉混合。

地瓜粉

又名番薯粉，採用地瓜（番薯）製成，粉狀顆粒分成粗、細兩種，適合當作油炸粉，也能用來勾芡。油炸用的地瓜粉顆粒較大，炸好後的食材表面有顆粒，口感酥脆不易變軟。

太白粉

勾芡用澱粉的統稱，用途和玉米澱粉相似，可以在烹調中加冷水勾芡，加熱後凝結成透明的黏稠狀，使得菜餚的湯汁濃稠具光澤度。太白粉和玉米粉不同處是太白粉勾芡冷卻後會變稀。

在來米粉

又稱為黏米粉，在台灣小吃經常出現，比如蘿蔔糕、碗粿、米苔目。和糯米粉不一樣的是，在來米粉黏度較低，所以無法像糯米粉具Q軟的口感。

糯米粉

黏度高的粉類，是製作中式點心或台灣小吃的主要材料、像是芋粿巧、年糕、湯圓、麻糬等，都可以用糯米粉製作。

澄粉

屬於無筋麵粉，又稱為澄麵、澄粉，是從小麥提取澱粉所製成。因為無筋麵粉黏度和透明度都較高，蒸熟後看起來晶瑩剔透、彈性較高。

乾貨

乾魷魚

首要條件需挑選乾爽不潮濕、外觀平整、呈現褐色的乾魷魚，能夠通透光線較佳。表面覆蓋的那層白色粉狀是海水結晶的正常現象，表示其風乾過程較天然。

蝦皮

為台灣小吃帶來香氣和鮮味的乾貨之一。蝦皮是蝦的幼苗，市面上有兩種處理方式，鹹蝦皮是用鹽水煮熟後曬乾，淡蝦皮則是以清水煮熟後曬乾。

扁魚

俗稱甫魚乾、方魚乾、比目魚乾、平魚乾、扁魚乾等。扁魚是製作台灣味重要的乾貨之一，扁魚片炸乾後鮮味會充分釋出，壓碎後入鍋拌炒，可讓湯頭更鮮甜。

乾香菇

又稱為冬菇、北菇、香蕈、厚菇、薄菇、花菇、椎茸，為小皮傘科香菇屬的物種。鮮香菇脫水即成乾香菇，會產生濃郁特有香氣，在烹調時需將乾香菇先泡水至軟，擠乾水分後切絲或丁。

蘿蔔乾

台灣、福建、廣東、香港和澳門等地稱蘿蔔乾為菜脯，是常見的醬菜，即醃製過的鹹白蘿蔔乾。蘿蔔乾可拿來炒蛋、和辣椒一起炒，或包入飯糰、肉粽等。

冬蝦

又名金勾蝦、開洋、蝦米，是用鷹爪蝦、脊尾白蝦、羊毛蝦等加工的熟乾品，烹調時先小火炒香可為台灣小吃帶來香氣和鮮味。

辛香蔬菜

青蔥

別名大蔥、葉蔥、冬蔥、蔥仔、水蔥等，為多年生草本植物，葉管中空、葉子呈綠色，脆弱易折。炒菜前將蔥下鍋炒至有香氣、俗稱「爆香」，接著將其他食材下鍋拌炒。

辣椒

又名牛角椒、長辣椒、薟椒仔（台語）、薟椒（潮汕話)、辛椒、番椒、海椒、辣子等，是茄科辣椒植物。適合製作沾醬或是加入台灣小吃中烹調，具開胃及增香用途。

薑

薑的根味道辛辣，是許多中式料理、台灣小吃的重要調味品，通常切片、切絲或磨成泥使用，例如：薑母鴨、麻油雞等；薑也可以用在飲品中，例如：薑母茶、薑汁豆花等。

蒜頭

蒜頭是日常生活中不可缺少的調料，在烹調魚、肉、禽類和蔬菜時有去腥增味的作用，特別是在涼拌菜中，既可增味，對人體又能提升抵抗力。

Chapter 2

美味調味舖

5,000
公克

海鮮高湯

・保存方式

冷藏 3 天

冷凍 30 天

・適合品項

什錦麵 » P.34

沙茶魷魚羹 » P.78

土魠魚羹 » P76

生炒花枝羹 » P.80

材料 Ingredients

・食材

蝦頭蝦殼	500g	洋蔥	300g	柴魚片	10g
魚骨	500g	老薑	100g	水	6000g
		昆布	80g		

作法 Step by Step

前置準備

1 蝦頭蝦殼、魚骨放入滾水中，以中火汆燙約 1 分鐘後撈起，再放入一鍋清水，洗淨去除血水和腥味。

2 洋蔥去皮後切 4 等份，老薑表皮洗淨後切片備用。
▸老薑表皮多附著泥土，洗淨後再切片。

烹煮過濾

3 將 6000g 水倒入大湯鍋，放入洗淨的蝦頭蝦殼、魚骨，並加入洋蔥、老薑、昆布和柴魚片。

4 用大火煮滾後轉小火，不上鍋蓋熬煮 2 小時，關火。
▸滾沸過程多少有浮渣漂於湯面，建議撈除後可讓高湯更清澈。

5 稍微冷卻後撈除海鮮和所有食材，再以細篩網或棉紗布過濾雜質即可。

製作高湯塊

6 完全冷卻的高湯可以倒進製冰盒中。

7 放入冰箱冷凍至凝固，之後使用時非常方便。
▸高湯塊可以做爲調味料，適量加入菜或湯中，能增加天然香氣。

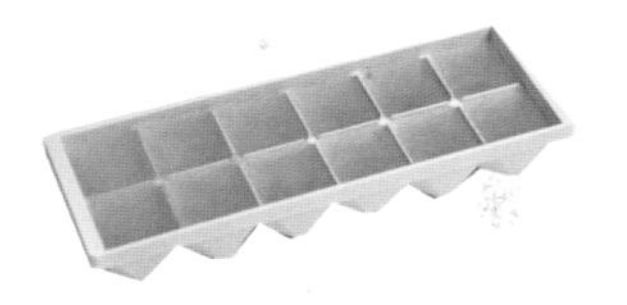

1-1

1-2

3

4

5

6

5,000公克

豬骨高湯

・保存方式

冷藏 3 天／冷凍 30 天

・適合品項

排骨酥麵 » P.30　　爌肉飯 » P.50
切仔麵 » P.32　　芋頭米粉湯 » P.64
田中香炒麵 » P.42　　赤肉羹 » P.74
大麵羹 » P.44　　新竹貢丸湯 » P.84

材料 Ingredients

・食材

豬大骨	1000g
洋蔥	300g
水	6000g

・調味料

鹽	15g

作法 Step by Step

前置準備

1 準備一鍋冷水，豬大骨入鍋，以大火煮滾後轉中火，續煮約 2 分鐘後撈起，再用清水洗淨去除血水和腥味。

2 洋蔥去皮後切 4 等份。

烹煮過濾

3 將 6000g 水倒入大湯鍋，放入洗淨的豬大骨、洋蔥。

4 用大火煮滾後轉小火，不上鍋蓋熬煮 2 小時，加入鹽，關火。

▸ 滾沸過程若看到浮渣漂於湯面，則撈除可讓高湯更清澈。

5 稍微冷卻後撈除豬大骨架及洋蔥，再以細篩網或棉紗布過濾雜質即可。

製作高湯塊

6 完全冷卻的高湯可以倒進製冰盒中，冷凍至凝固備用。

▸ 高湯塊方便烹調菜餚或煮羹湯時調味，能增加天然香氣。

5,000 公克

雞骨高湯

・保存方式

冷藏 3 天／冷凍 30 天

・適合品項

鹹粥 » P.58　　豆簽羹 » P.82

材料 Ingredients

・食材

雞骨架	1000g
洋蔥	300g
水	6000g

・調味料

鹽	15g

作法 Step by Step

前置準備

1. 準備一鍋冷水，雞骨架入鍋，以大火煮滾後轉中火，續煮約 2 分鐘後撈起，再用清水洗淨去除血水和腥味。
2. 洋蔥去皮後切 4 等份。

烹煮過濾

3. 將 6000g 水倒入大湯鍋，放入洗淨的雞骨架、洋蔥。
4. 用大火煮滾後轉小火，不上鍋蓋熬煮 2 小時，加入鹽，關火。
   ▸ 滾沸過程若看到浮渣漂於湯面，則撈除可讓高湯更清澈。
5. 稍微冷卻後撈除雞骨架及洋蔥，再以細篩網或棉紗布過濾雜質即可。

製作高湯塊

6. 完全冷卻的高湯可以倒進製冰盒中，冷凍至凝固備用。
   ▸ 高湯塊方便烹調菜餚或煮羹湯時調味，能增加天然香氣。

純豬油

600 公克

・保存方式

冷藏 6 個月

・適合品項

什錦麵 » P.34
乾意麵 » P.38
田中香炒麵 » P.42
大麵羹 » P.44
筒仔米糕 » P.48
爌肉飯 » P.50
鹹粥 » P.58
芋頭米粉湯 » P.64
蔥油餅 » P.108
草仔粿 » P.131
蘿蔔糕 » P.134
胡椒餅 » P.144
芝麻球 » P.154

材料 *Ingredients*

・食材

豬板油	1000g
水	100g
青蔥	100g
洋蔥	100g

作法 *Step by Step*

前置準備

1 豬板油切 2cm 方丁後洗淨；青蔥切段；洋蔥切片，備用。

油炸金黃

2 豬板油丁及水一起放入鍋中，以小火慢慢炸出油來。

3 炸到豬油渣呈金黃色時撈除。
▸豬油渣加入豆豉、蔥白、辣椒炒香，又是一道美味料理。

4 繼續將青蔥及洋蔥下鍋，炸至金黃色，撈除。
▸此步驟的材料可增加豬油香氣及去腥。

冷卻凝固

5 將豬油分裝於小鍋或乾燥耐熱容器，冷卻後呈乳白色凝固狀，即為純豬油。

蒜蓉甜辣醬

・保存方式

冷藏 7 天

・適合品項

筒仔米糕 » P.48
大腸包小腸 » P.106
蚵嗲 » P.126
北部粽 » P.68
蚵仔煎 » P.114
蘿蔔糕 » P.134
淡水阿給 » P.102
五香雞捲 » P.124

材料 Ingredients

・食材

辣椒	30g
蒜頭	10g
水	300g

・調味料

細砂糖	60g
番茄醬	40g
醬油膏	20g

・芡汁

在來米粉	30g
水	60g

作法 Step by Step

前置準備

1 蒜頭去皮；辣椒去蒂頭，備用。

▸ 可直接購買已去皮的蒜仁，處理過程更方便。

攪拌烹調

2 辣椒、蒜頭放入調理機，加入 300g 水，攪拌成泥狀。

3 再放入鍋中，加入所有調味料，以小火加熱至糖熔化。

4 接著加入拌勻的芡汁，攪拌至滾，關火待冷卻。

▸ 芡汁需先拌勻再倒入鍋中。

485
公克

胡椒鹽

・保存方式
常溫 6 個月

・適合品項
鹹酥雞 » P.110　香雞排 » P.112

材料 *Ingredients*

・食材

岩鹽	150g
白胡椒粒	150g
黑胡椒粒	50g
香蒜粉	50g
花椒粉	25g
細砂糖	30g
五香粉	15g
肉桂粉	15g

作法 *Step by Step*

攪拌均勻

1 所有材料放入調理機。
▸岩鹽可換成海鹽。

2 攪拌均勻後裝入密封罐，可常溫保存。

620
公克

腐乳醬

・保存方式

冷藏6個月

・適合品項

羊肉爐 » P.88

材料 Ingredients

・食材

豆腐乳	300g
芝麻醬	100g
香油	60g
細砂糖	60g
冷開水	100g

作法 Step by Step

攪拌均勻

1 所有材料放入調理機。

2 攪拌均勻後裝入密封罐，可冷藏保存。

800
公克

蒜蓉汁

・保存方式

冷藏 7 天

・適合品項

切仔麵 » P.32　田中香炒麵 » P.42
乾意麵 » P.38　蚵仔麵線 » P.66

材料 Ingredients

・食材

蒜頭 300g
冷開水 600g

作法 Step by Step

前置準備

1 蒜頭去皮備用。
▸可直接購買已去皮的蒜仁，處理過程更方便。

攪拌均勻

2 所有材料放入調理機。
3 攪拌均勻後裝入密封罐，可冷藏保存。

150
公克

紅蔥酥

・保存方式

冷藏 7 天／冷凍 30 天

・適合品項

切仔麵 » P.32
乾意麵 » P.38
田中香炒麵 » P.42
大麵羹 » P.44
筒仔米糕 » P.48
滷肉飯 » P.52
鹹粥 » P.58
芋頭米粉湯 » P.64
蚵仔麵線 » P.66
大腸包小腸 » P.106
彰化肉圓 » P.136
地瓜竹筍包 » P.142

材料 *Ingredients*

・食材

紅蔥頭	300g
豬板油	450g

作法 *Step by Step*

前置準備

1 紅蔥頭去皮，切除頭尾後切片；豬板油切 2 cm 方丁後洗淨，備用。

▸ 可請豬肉攤販幫忙切豬板油。

油炸金黃

2 豬油丁放入鍋中，以小火炸出豬油，撈除油渣。

3 同一鍋續炸紅蔥頭片，以中火油炸至均勻淺金黃色，關火。

▸ 油溫不宜高溫，燒熱（約 150°C）就可下紅蔥頭，油炸過程需邊攪拌，有助均勻上色。

4 撈起後放入平盤，撥散後放涼即可。

▸ 放涼過程還有餘溫，紅蔥酥顏色會再加深。

蒜頭酥

・保存方式

冷藏 7 天／冷凍 30 天

・適合品項

排骨酥麵 » P.30
蚵仔麵線 » P.66
鴨肉羹 » P.72
土魠魚羹 » P.76

材料 Ingredients

・食材

蒜頭 ········ 300g
沙拉油 ········ 600g

作法 Step by Step

前置準備

1 蒜頭去皮後放入調理機，攪拌成蒜碎。
▸可直接購買已去皮的蒜仁，處理過程更方便。

油炸金黃

2 沙拉油以中火加熱至 150℃。
▸油溫不宜高溫，燒熱就可下蒜碎。

3 蒜碎放入油鍋，炸至均勻淺金黃即關火。
▸油炸全程的油溫不宜太熱，並邊炸邊攪拌，炸好立刻起鍋，就不會炸焦。

4 撈起後放入平盤，撥散後放涼即可。
▸蒜酥、蒜油可以拿來炒菜、涼拌、拌麵。

Chapter 3

麵飯主食類

4
人份

排骨酥麵

▶小吃故事

排骨酥麵是非常經典的台灣小吃，北中南各地都具有不同的口味及特色，在中部的豐原廟東夜市是較知名的代表。

材料 Ingredients

• 食材 A

豬軟骨排 ········ 400g
冬瓜 ········ 200g
豬骨高湯 ········ 800g » P.20
油麵 ········ 600g
韭菜 ········ 50g
豆芽菜 ········ 50g

• 調味料 A

五香粉 ········ 2.5g
肉桂粉 ········ 2.5g
蒜頭粉 ········ 2.5g
醬油 ········ 15g
香油 ········ 15g
米酒 ········ 15g

• 裹粉

中筋麵粉 ········ 30g
太白粉 ········ 15g

• 食材 B

芹菜 ········ 20g
香菜 ········ 10g

• 調味料 B

蒜頭酥 ········ 20g » P.28

食材處理

作法 Step by Step

醃製排骨

1. 豬軟骨排加入調味料 A，醃製 30 分鐘入味。
2. 再加入裹粉材料，用筷子拌勻。

烹調組合

3. 準備一鍋油，加熱至180℃，將豬軟骨排放入油鍋，轉中小火續炸排骨至酥脆上色，撈起。
4. 排骨酥與冬瓜塊放入大容器，加入 800g 豬骨高湯，以中大火蒸 40 分鐘備用。
   ▸ 冬瓜切和豬排骨接近的尺寸，亦可依個人喜好替換成白蘿蔔。
5. 將油麵、韭菜、豆芽菜放入滾水中，以中火煮熟，撈起後盛入碗中。
   ▸ 煮麵的水需足夠，並且確認水滾後再下麵條。
6. 接著將蒸好的排骨酥湯平均舀入油麵碗中。
7. 最後撒上芹菜末、香菜末和蒜頭酥即可。

4
人份

切仔麵

材料 Ingredients

・食材

油麵 600g
韭菜 120g
豆芽菜 120g
豬骨高湯 800g » P.20

・調味料

蒜蓉汁 20g » P.26
紅蔥酥 20g » P.27

食材處理

作法 Step by Step

烹調組合

1 油麵、韭菜、豆芽菜放入滾水中，以中火煮熟，撈起後盛入碗中。
▸煮麵的水需足夠，並且確認水滾後再下麵條。

2 豬骨高湯以中火煮滾後，平均舀入油麵碗中。

3 再淋上蒜蓉汁，撒上紅蔥酥即可享用。
▸蒜蓉汁和紅蔥酥遇到熱高湯，可釋出更多香氣。

▸小吃故事

「切仔麵」原本的意思指煮麵的動作，也就是放在笊籬內上下搖動，傳統的店家多半以「切」取代。切仔麵的必備工具就是笊籬，將麵及蔬菜放入笊籬內再浸入熱水中上下搖動，加熱再瀝乾水分後置入碗中，最後加入紅蔥酥及喜歡的配料。

4
人份

什錦麵

▶小吃故事

傳統的什錦麵與另一種早期台灣小吃錦魯麵比較，作法大同小異，主要差別是前者沒有勾芡、後者有勾芡，但源頭皆來自泉州的小吃「滷麵」。

材料 *Ingredients*

- **食材 A**

猪梅花肉 80g
豬肝 80g

- **食材 B**

雞蛋 .... 4 顆（200g）
青蔥 20g
洋蔥 20g
芹菜 20g
海鮮高湯 .... 1000g » P.18
油麵 600g

- **食材 C**

花枝 80g
泡發魷魚 80g
鮮蝦 .... 4 隻（40g）
小貢丸 .... 4 個（20g）
魚板 .... 4 片（8g）
鮮香菇 .... 4 朵（20g）
高麗菜 120g

- **調味料**

純豬油 .... 20g » P.22
白胡椒粉 2g

食材處理

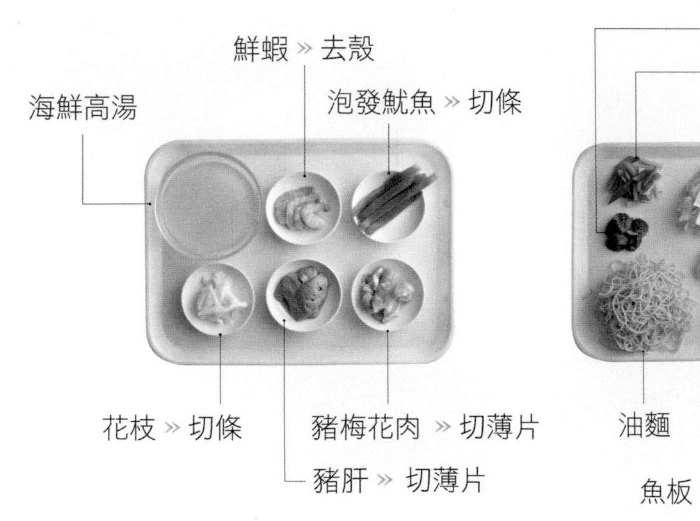

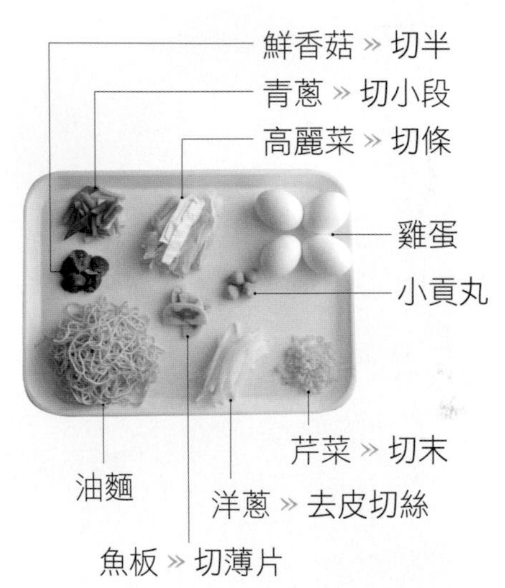

作法 *Step by Step*

前置準備

1 豬梅花肉片、豬肝片放入滾水，以大火汆燙約 1 分鐘，撈起備用。
▸ 豬肉和豬肝因後續會和其他材料烹煮，所以不需煮太久，避免組織太老。

2 雞蛋敲出裂痕後打入滾水中，以小火煮成荷包蛋。

烹調組合

3 純豬油倒入鍋中，以小火熱鍋，炒香青蔥段及洋蔥絲。

4 再加入所有食材 C，以中火稍微拌炒，接著倒入海鮮高湯，煮滾。

5 將油麵放入高湯中，繼續煮熟，再加入水煮荷包蛋，以大火煮滾，關火。

6 平均舀入碗中，加入白胡椒粉及芹菜末即完成。

牛肉麵

小吃故事

早期政府遷台後，來到台灣的外省老兵，融合了各地家鄉的風味與台灣的在地特色，漸漸形成屬於台灣風味的牛肉麵。台北市政府於 2005 年創立「臺北牛肉麵節」於隔年 2006 年擴大邀請國際知名美食家以及販售牛肉麵的業者參與，並且更名爲「臺北國際牛肉麵節」，將牛肉麵節變成重要的台灣小吃，邁向國際行銷。

材料 Ingredients

• 食材 A

牛腩 600g
洋蔥 100g
蒜頭 50g
嫩薑 20g

• 食材 B

水 1200g
白麵條 300g
青江菜 120g
青蔥 50g

• 中藥材

八角 2g
花椒粒 5g
草果 2.5g

• 調味料

豆瓣醬 50g
甜麵醬 50g
醬油 200g
冰糖 50g

食材處理

作法 Step by Step

前置準備

1 牛腩放入滾水中，以大火汆燙約 1 分鐘，撈起後用清水洗淨，瀝乾。
 ▸ 牛腩汆燙後用清水洗淨，可去除血水和腥味。

2 炒鍋中倒入少許油，以小火加熱，放入洋蔥片、蒜片和嫩薑片，炒至香味出來。

3 再放入牛腩，並加入所有調味料，繼續炒出香氣。

烹調組合

4 作法 3 牛腩移入燉鍋，放入所有中藥材，並倒入 1200g 水。
 ▸ 八角、花椒、草果也可換成喜歡的市售香料滷包，更為方便。

5 用大火煮滾後轉小火，燉煮 1.5 小時。

6 撈起牛腩，用篩網過濾即為清澈的牛肉湯備用。

7 白麵條放入另一鍋滾水，以中火煮熟，撈起後平均盛入碗中，牛腩鋪在麵條上。
 ▸ 白麵條可依喜好換成關廟麵、拉麵、陽春麵等。

8 牛肉湯加熱後放入青江菜，以大火煮熟，再淋入牛肉麵碗中，撒上蔥末即可。

乾意麵

▶小吃故事

台灣小吃多樣化，各地方都有出處以及文化歷史，意麵在全台皆可見，比較早期的發跡地應該在台南的鹽水鎮。製麵的過程繁複，並且曝曬時更需要好天氣，目前也有以機器生產的意麵，但傳統的製意麵行業都堅持眞材實料及傳統作法，保持良好的品質。

材料 Ingredients

・食材

- 豬絞肉 300g
- 紅蔥酥 50g » P.27
- 意麵 4 團（100g）
- 青蔥 20g

・調味料 A

- 醬油 100g
- 水 500g

・調味料 B

- 雞粉 30g
- 細砂糖 30g
- 純豬油 10g » P.22
- 蒜蓉汁 10g » P.26

食材處理

作法 Step by Step

煮肉燥

1. 鍋中倒入少許油，以小火加熱，放入豬絞肉炒香，再加入調味料 A 炒匀。
2. 接著加入紅蔥酥、雞粉及細砂糖煮滾，轉小火續煮 30 分鐘即為肉燥，放電鍋保溫備用。

烹調組合

3. 意麵放入滾水中，以中火煮熟，撈起後平均盛入碗中。
   ▸ 煮麵的水需足夠，並且水滾後再下麵條。
4. 將純豬油、蒜蓉汁平均舀入麵碗中。
5. 最後淋上熱騰騰的肉燥，並撒上蔥末即可。
   ▸ 熱騰騰的肉燥可溶解豬油和逼出蒜蓉汁香氣。

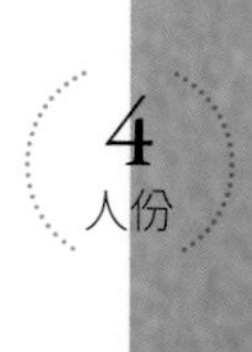

鱔魚炒麵

▶小吃故事

鱔魚炒麵是台南知名的小吃，以大火快炒的鱔魚麵集合了鹹、酸、甜、辣、鮮於一盤。這道小吃搭配特有的炸意麵乾快炒，新鮮的鱔魚吃起來口感爽脆，再與帶有甜味的醬汁炒起來別具風味。

材料 Ingredients

・食材

- 炸意麵乾……4個（300g）
- 鱔魚……300g
- 青蔥……20g
- 蒜頭……10g
- 洋蔥……120g
- 高麗菜……120g

・調味料 A

- 米酒……15g
- 鹽……2.5g
- 太白粉……15g

・調味料 B

- 醬油……30g
- 烏醋……30g
- 細砂糖……15g
- 水……400g

食材處理

作法 Step by Step

前置準備

1. 炸意麵乾放入滾水中，以中火汆燙約 1 分鐘，撈起瀝乾備用。
2. 鱔魚段放入調理盆，加入調味料 A 拌勻，醃製 30 分鐘入味。
3. 準備一鍋油，加熱至 180℃，將鱔魚片放入油鍋，過油後撈起，餘油倒出來。
   ▸過油是將生鮮肉類或海鮮，加入調味料和食用粉醃製，再放入熱油中汆燙的技巧。

烹調組合

4. 利用作法 3 油鍋，以小火炒香蔥段及蒜末。
5. 再放入洋蔥及高麗菜，轉大火炒軟，接著加入調味料 B 炒勻。
   ▸加入烏醋可以提升香氣。
6. 最後加入意麵拌炒至收汁，放入鱔魚快速炒勻即可。

4
人份

田中香炒麵

材料 *Ingredients*

・食材

- 雞蛋麵 300g
- 韭菜 120g
- 洋蔥 60g
- 紅蘿蔔 30g
- 青蔥 20g

・調味料 A

- 純豬油 30g » P.22
- 豬骨高湯 120g » P.20
- 油蔥醬 30g
- 鹽 5g

・調味料 B

- 蒜蓉汁 20g » P.26
- 紅蔥酥 20g » P.27

食材處理

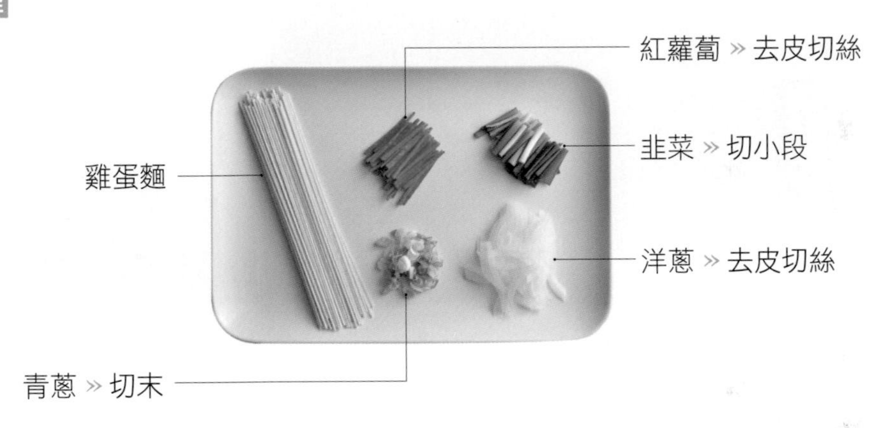

作法 *Step by Step*

煮麵

1. 雞蛋麵放入滾水中，以中火煮熟，撈起瀝乾備用。
   ▸ 麵煮熟後立即撈起，不宜久泡於水中，則容易軟爛。

烹調組合

2. 純豬油放入炒鍋，以小火加熱至熔化，加入韭菜炒香。
3. 再放入洋蔥和紅蘿蔔，轉大火繼續炒香。
4. 接著加入豬骨高湯煮滾，再以油蔥醬、鹽調味。
5. 將煮熟的麵條放入鍋中，炒勻後平均盛入碗中。
6. 最後加入調味料 B，撒上蔥末即可。
   ▸ 紅蔥酥和蒜蓉汁遇到熱食，可釋出更多香氣。

4
人份

大麵羹

▶小吃故事

大麵羹是麵粉加食用鹼粉製成的特製粗麵條，能夠久煮不爛，愈煮愈香，之所以稱爲「羹」，應該是「鹼」閩南語發音，意思就是指吃起來的特殊鹼味。

材料 Ingredients

・食材

冬蝦 60g
豬絞肉 120g
蘿蔔乾 60g
豬骨高湯 1200g » P.20
油麵 600g
韭菜 120g

・調味料 A

純豬油 50g » P.22
醬油 30g
油蔥醬 50g
紅蔥酥 50g » P.27

・調味料 B

白胡椒粉 5g
鹽 5g

食材處理

作法 Step by Step

烹調組合

1 純豬油放入炒鍋，以小火加熱熔化，放入冬蝦炒香。
 ▸冬蝦又稱金勾蝦、蝦米。
2 再加入豬絞肉和蘿蔔乾，繼續炒香。
3 接著倒入醬油、油蔥醬和豬骨高湯，轉中火煮滾。
4 再放入油麵，煮至發脹且湯汁稍微稠狀，加入韭菜、調味料 B 拌勻，關火。
 ▸蘿蔔乾又稱碎菜脯，蘿蔔乾已有鹹度，鹽可酌量添加。
5 將大麵羹平均盛入碗中，最後加入紅蔥酥增加香氣。

4
人份

滷排骨飯

▶小吃故事

滷排骨飯源自於日本定食套餐的主食菜餚，台灣餐飲業者加以改良後，慢慢演變成在地小吃。許多便當族享用後都讚不絕口、廣受推廣，因此成爲現今大衆所熟悉的排骨飯。

材料 — *Ingredients*

・食材

帶骨豬排骨肉……4片（600g）
青蔥……20g
嫩薑……10g
辣椒……10g
酸菜絲……120g
白飯……4碗（800g）

・調味料A

味噌……15g
五香粉……2g
蒜頭粉……2g
白胡椒粉……2g
醬油……15g
米酒……30g
水……500g

・調味料B

醬油……100g
水……800g
細砂糖……30g

・調味料C

鹽……2g
細砂糖……5g

・裹粉

糯米粉……20g
太白粉……20g

食材處理

作法 — Step by Step

醃製排骨

1. 調味料 A 放入調理盆，攪拌均勻。
2. 帶骨豬排骨肉用肉錘拍打斷筋，再放入調味料 A 中，冷藏至隔天待醃製入味。

烹調組合

3. 鍋中倒入少許油，以小火加熱，炒香青蔥，加入調味料 B，轉中火煮滾成滷汁備用。
4. 薑末和辣椒末放入另一個炒鍋，以小火炒香，再加入酸菜絲及調味料 C 炒勻，關火。
   ▸ 酸菜絲用清水洗淨，可去除鹹味。
5. 從冰箱取出醃製好的排骨肉（稍微瀝乾），再加入裹粉，沾裹均勻後放置呈黏稠狀。
6. 準備一鍋油，加熱至 180℃，將排骨肉放入油鍋，炸至外表定型，撈起。
   ▸ 油炸溫度不宜太低，將導致脫粉及不易定型。
7. 炸好的排骨肉放入滷汁中，以中小火滷約 10 分鐘。
   ▸ 排骨肉炸過再滷，可更入味且減少油膩感。
8. 每碗白飯淋適量滷汁，放上 1 片滷排骨肉，再鋪上酸菜絲即可。

4
人份

筒仔米糕

▶小吃故事

筒仔米糕是台灣常見的糯米類小吃，與油飯、米糕作法很接近，但將餡料和米飯填入竹筒、鋁製或不鏽鋼的杯狀容器蒸煮而成，口味濃郁。尤其用竹筒裝盛，於蒸製過程中能增添淡淡香氣。

材料 — *Ingredients*

・食材

- 長糯米 240g
- 冬蝦 30g
- 乾香菇 3g
- 豬絞肉 150g
- 香菜 5g

・調味料 A

- 醬油 15g
- 米酒 200g
- 鹽 5g
- 細砂糖 2g
- 白胡椒粉 5g

・調味料 B

- 紅蔥酥 15g » P.27
- 純豬油 30g » P.22

・淋醬

- 蒜蓉甜辣醬 60g » P.23

食材處理

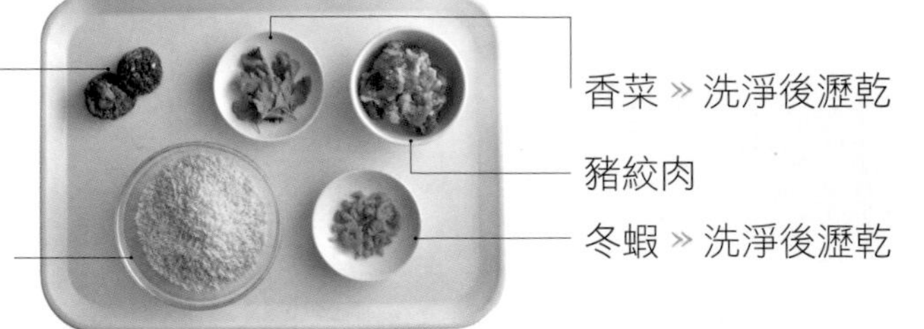

作法 Step by Step

蒸長糯米

1 長糯米撈起後放入滾水，以大火汆燙約 15 秒鐘，倒入米篩後瀝乾。
▸長糯米先汆燙，可縮短蒸製時間。

2 再移至蒸籠，以大火蒸 20 分鐘至熟，取出。

烹調組合

3 炒鍋中倒入少許油，以小火加熱，放入冬蝦、香菇和豬絞肉，炒香。

4 倒入調味料 A，炒勻後燒煮約 5 分鐘，關火即為餡料。

5 將湯汁和餡料分開，餡料成 2 份，其中 1 份平均舀入杯狀容器的底部。
▸杯子容器內可先抹上一層薄薄油或套上耐高溫保鮮膜，以利蒸熟後方便扣出。

6 蒸熟的糯米飯、純豬油、紅蔥酥放入調理盆，和另一份餡料、醬汁拌勻。

7 再填入作法 5 的杯狀容器，壓緊實。
▸壓緊實才能讓米糕扣出時，不散開導致變形。

8 將米糕杯移入蒸籠，以大火蒸 10 分鐘，取出。

9 倒扣於碗中，再淋上蒜蓉甜辣醬，放上香菜即可。

4 人份

爌肉飯

▶小吃故事

爌肉飯在彰化縣市可以從早、午、晚餐到宵夜都能吃得到的當地小吃之一，彰化縣政府曾於 2011 年舉辦彰化焢肉飯節，宣傳這道受歡迎的小吃料理。

材料 Ingredients

・食材

- 豬五花肉 …… 500g
- 青蔥 …… 50g
- 帶膜蒜頭 …… 20g
- 筍乾 …… 150g
- 白飯 …… 4 碗（800g）

・調味料 A

- 醬油 …… 200g
- 水 …… 800g

・調味料 B

- 豬骨高湯 …… 300g » P.20
- 純豬油 …… 30g » P.22

食材處理

青蔥 » 切除頭尾

帶膜蒜頭

豬五花肉 » 切厚度約 1cm 片狀

筍乾 » 切小段

白飯

作法 Step by Step

滷五花肉

1. 豬五花肉放入滾水，以中火汆燙約 1 分鐘，撈起瀝乾備用。
   ▸ 豬肉汆燙後可去除血水和腥味。
2. 青蔥和帶膜蒜頭放於燉鍋底部，接著鋪上豬五花肉片。
3. 將調味料 A 均勻撒於豬五花肉片上方，以大火煮滾。
4. 轉小火繼續滷 1 小時至入味且肉軟嫩，保溫備用。

煮筍乾

5. 筍乾放入另一鍋滾水，以中火汆燙 1 分鐘，撈起後用清水洗淨。
6. 筍乾與調味料 B 放入鍋中，以小火煮 30 分鐘，關火。

組合

7. 每碗白飯淋上適量爌肉醬汁，再放上筍乾、爌肉即可。

4
人份

滷肉飯

▶小吃故事

國民小吃滷肉飯據說是因爲早期的生活比較不富裕，一般家庭逢年過節才會買肉，因此有些家庭婦會向肉攤老闆買些較便宜切割下來的碎肉及豬皮，烹調時再加上用豬油炸香的紅蔥頭，並以醬油滷製，就是古早味的肉燥。

材料 Ingredients

・食材

豬五花肉 1000g
豬皮 300g
白飯 4 碗（800g）

・調味料 A

水 1000g
醬油 200g

・調味料 B

細砂糖 80g
紅蔥酥 200g » P.27

食材處理

作法 Step by Step

製作肉燥

1. 豬五花肉及豬皮放入滾水中，以中火汆燙約 1 分鐘，撈起瀝乾備用。
   ▸豬五花肉及豬皮先汆燙，可殺青去除雜質。
2. 豬五花肉及豬皮放入另一個湯鍋，加入調味料 A。
3. 先以大火煮滾，加入細砂糖，轉小火滷 1 小時至熟軟。
4. 再加入紅蔥酥，繼續加熱至沸騰，關火。
   ▸滷好的肉燥重量約 1200g，可淋約 24 碗滷肉飯，肉燥冷卻後可分裝冷凍。

組合

5. 每碗白飯淋上適量香噴噴的肉燥即可。
   ▸可依個人喜好搭配蔬菜、滷蛋等配菜。

4
人份

雞肉飯

▶小吃故事

大約在民國 38 年間，一位林姓老闆於嘉義中央噴水池附近販賣滷肉飯，突發奇想將切片的火雞肉放在白飯上，再淋上肉燥，成爲經濟實惠的飯點，果然深受顧客所愛，名聞全國各地。

材料 Ingredients

• 食材 A

- 雞胸肉 300g
- 青蔥 30g
- 嫩薑 20g
- 月桂葉 1g

• 食材 B

- 雞油 120g
- 紅蔥頭 60g
- 白飯 4 碗（800g）

• 調味料

- 鹽 30g
- 醬油 30g

食材處理

作法 Step by Step

煮雞胸肉

1. 雞胸肉去除雞皮，雞皮留著提煉雞油。
   ▸ 雞皮以小火加熱出油脂後撈起油渣，即爲雞油。
2. 雞胸肉、青蔥、嫩薑和月桂葉放入湯鍋，倒入水（淹過所有材料）。
3. 以中小火煮熟，以筷子或叉子戳入雞肉，若無血水即可撈起，放涼剝成絲狀。

蔥香雞油

4. 雞油以中火加熱至 150℃，放入紅蔥頭片，油炸至均勻淺金黃色後撈起。
5. 雞油留在原鍋，加入調味料，以小火加熱至滾即為蔥香雞油。

組合

6. 每碗白飯鋪上適量雞肉絲，淋上蔥香雞油，撒上雞油紅蔥酥即可。
   ▸ 可依個人喜好搭配黃蘿蔔、小黃瓜等醃製菜。

4
人份

高麗菜飯

材料 Ingredients

・食材

食材	份量	食材	份量
乾香菇	2g	紅蘿蔔	60g
蝦皮	20g	洋蔥	60g
豬絞肉	50g	白飯	4碗（800g）
高麗菜	200g	芹菜	30g

・調味料

調味料	份量
水	200g
醬油	15g
鹽	5g
白胡椒粉	5g
油蔥醬	15g

食材處理

作法 Step by Step

烹調組合

1. 鍋中加入少許油，以小火加熱，放入乾香菇、蝦皮和豬絞肉，炒香。
2. 再加入高麗菜、紅蘿蔔、洋蔥和調味料，轉中火拌炒至所有蔬菜熟軟。
   ▸ 拌炒至看到高麗菜軟嫩即可。
3. 接著加入白飯，轉小火拌炒至水分讓白飯收乾。
   ▸ 小火加熱慢慢收乾調味湯汁，能讓這道米飯料理的香氣更足夠。
4. 最後加入芹菜末，炒勻即可食用。

4
人份

鹹粥

小吃故事

台灣的鹹粥受到地域性的影響，大約分爲北部肉、南部魚的區別，也就是北部會用肉類來熬湯，南部則用魚骨熬湯的特殊作法。

材料 Ingredients

- 食材

豬絞肉	120g
乾香菇	10g
冬蝦	60g
雞骨高湯	1500g » P.21
白米	150g
高麗菜	150g
紅蘿蔔	60g
芹菜	30g

- 調味料 A

純豬油	50g » P.22
醬油	15g
紅蔥酥	30g » P.27

- 調味料 B

鹽	15g
白胡椒粉	5g

食材處理

作法 Step by Step

烹調組合

1. 純豬油放入炒鍋中，以小火加熱熔化。
   ▸ 冬蝦又稱金勾蝦、蝦米。
2. 加入豬絞肉、香菇絲和冬蝦，炒香。
3. 再倒入醬油、雞骨高湯和白米，轉大火煮滾，轉中小火煮 10 分鐘。
4. 接著放入高麗菜、紅蘿蔔，續煮至白米碎裂且湯汁呈濃稠狀。
5. 加入調味料 B 拌勻，再平均盛入碗中。
6. 最後加入芹菜末及紅蔥酥即可。

4
人份

當歸鴨冬粉

▶小吃故事

當歸鴨屬於溫補的湯品，主要以當歸、川芎、熟地、桂枝、黃耆、黨參、甘草、紅棗、枸杞等中藥材，再加上老薑、米酒、鹽等調味料搭配鴨肉一起熬煮。通常店家都會加入麵線或冬粉一起食用，增加飽足感，因此成為這道當歸鴨冬粉。

材料 Ingredients

・食材

- 生鴨腿 …… 2隻（600g）
- 枸杞 …… 15g
- 冬粉 …… 4捲（80g）
- 老薑 …… 80g
- 水 …… 2500g
- 嫩薑 …… 20g

・中藥材

- 當歸 …… 2g
- 川芎 …… 30g
- 熟地 …… 20g
- 桂枝 …… 10g
- 黃耆 …… 10g
- 黨參 …… 10g
- 甘草 …… 10g
- 紅棗 …… 10g

・調味料

- 米酒 …… 50g
- 鹽 …… 15g

食材處理

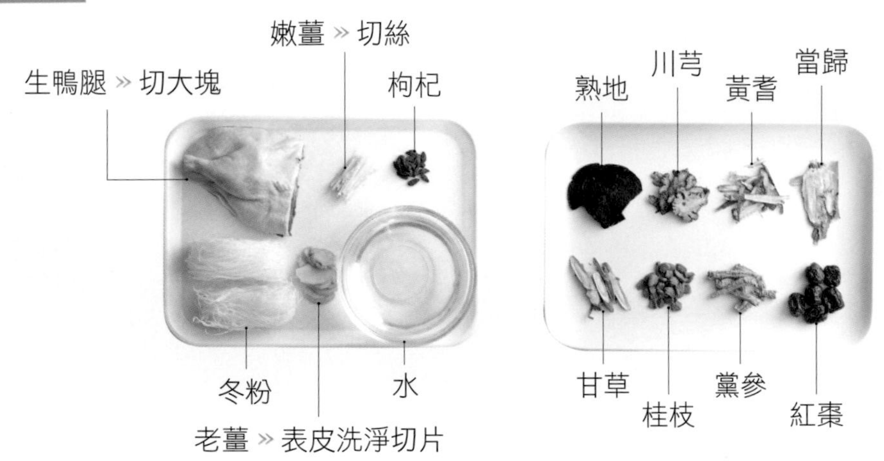

作法 Step by Step

前置準備

1. 生鴨腿放入滾水中，以中火汆燙約 1 分鐘，撈起後用清水洗淨，瀝乾。
2. 枸杞洗淨後泡入米酒 30 分鐘備用。

烹調鴨腿

3. 將 2500g 水倒入湯鍋，加入所有中藥材及老薑片，以中火煮滾。
4. 再放入鴨腿肉，關火，蓋上鍋蓋將鴨腿肉泡煮 50 分鐘熟成，撈起。
   ▸鴨腿肉運用燜泡熟成，可避免久煮而肉質過老。
5. 濾除湯中的中藥材，以中火加熱中藥湯至滾，加入鹽調味。
   ▸中藥材可以用棉布袋包起來，能節省過濾的程序。

組合

6. 冬粉放入另一鍋滾水，以中火煮熟，撈起後平均放入碗中。
7. 放上煮熟的鴨腿肉，倒入熱騰騰的當歸鴨湯，最後加入薑絲及適量枸杞米酒即可。

4
人份

埔里炒米粉

▶小吃故事

炒米粉從喜慶宴客或迎神拜拜的料理，逐漸成爲小吃與家常菜。新竹米粉、埔里米粉各自有擁護者，其外觀和口感也有些不同，埔里米粉較粗、採水煮製程（水分含量較高、口感滑順）；新竹米粉較細、是蒸熟方式製成（米香味較高、口感富嚼勁）。

材料 Ingredients

・食材A

- 雞蛋 2顆（100g）
- 冬蝦 20g
- 青蔥 20g

・食材B

- 豬五花肉 100g
- 乾香菇 5g
- 高麗菜 100g
- 紅蘿蔔 30g
- 芹菜 50g
- 埔里米粉 300g
- 香菜 10g

・調味料

- 醬油 30g
- 水 200g
- 白胡椒粉 5g

食材處理

作法 Step by Step

烹調組合

1. 鍋中加入少許油，以小火加熱，倒入蛋液炒至半凝固。
   ▸蛋液不需要炒太熟，後續和其他材料拌炒時還會加熱。
2. 再放入冬蝦和青蔥，繼續炒香。
3. 加入豬五花肉炒至變白，接著加入香菇、高麗菜、紅蘿蔔和芹菜，轉中火炒勻。
4. 倒入所有調味料煮滾，放入瀝乾的米粉，拌炒到米粉將醬汁收乾。
   ▸埔里米粉比新竹米粉粗，其水分含量較高、口感滑順。
5. 盛盤後以香菜點綴即可。

4
人份

芋頭米粉湯

材料 Ingredients

• 食材 A

- 芋頭 ······ 300g
- 埔里米粉 ······ 200g
- 豬骨高湯 ······ 1200g » P.20
- 高麗菜 ······ 120g
- 紅蘿蔔 ······ 60g
- 芹菜 ······ 30g

• 食材 B

- 豬五花肉 ······ 120g
- 冬蝦 ······ 30g
- 乾香菇 ······ 5g
- 蒜苗 ······ 30g

• 調味料 A

- 純豬油 ······ 30g » P.22
- 醬油 ······ 15g

• 調味料 B

- 紅蔥酥 ······ 20g » P.27
- 鹽 ······ 10g
- 白胡椒粉 ······ 5g

食材處理

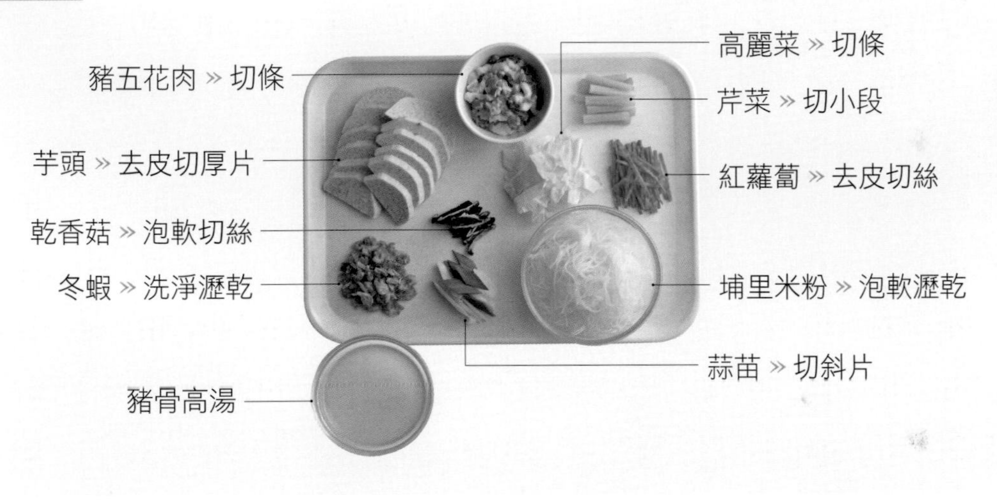

作法 Step by Step

炸芋頭片

1. 芋頭片放入 160℃ 油鍋中，炸至金黃色後撈起。

烹調組合

2. 純豬油放入炒鍋，以小火加熱熔化，放入所有食材 B，炒香。
3. 倒入醬油、1200g 豬骨高湯，轉中火煮滾。
4. 再加入高麗菜、紅蘿蔔，繼續煮至蔬菜軟。
5. 接著加入芋頭片、米粉煮滾，最後加入調味料 B 拌勻。
   ▸ 埔里米粉比新竹米粉粗，其水分含量較高、口感滑順。
6. 平均盛入碗中，撒上芹菜即可食用。

4
人份

蚵仔麵線

▶小吃故事

蚵仔麵線是台灣早期在農業社會時期，家庭主婦煮給耕農者的點心麵線糊，一般會將麵線煮成一大鍋，又因臨海地區容易取得鮮蚵，就在麵線糊加了蚵仔來增加營養補充體力，後來就演變成現今的蚵仔麵線。

材料 Ingredients

• 食材 A

紅麵線	150g
鮮蚵	150g
蝦皮	30g
水	1200g
香菜	10g

• 調味料 A

柴魚片	5g
紅蔥酥	20g » P.27
蒜頭酥	20g » P.28

• 芡汁

太白粉	90g
水	180g

• 調味料 B

柴魚粉	10g
鹽	10g
蒜蓉汁	10g » P.26
烏醋	10g

食材處理

作法 Step by Step

前置準備

1 紅麵線泡冷水至軟，再濾除水分備用。

2 鮮蚵放入滾水，以中火汆燙約 1 分鐘至熟，撈起瀝乾備用。

▸ 鮮蚵可沾一層地瓜粉再汆燙。

烹調組合

3 蝦皮放入炒鍋，以小火炒出香氣，再加入 1200g 水和調味料 A，轉中火煮滾。

4 接著放入紅麵線、柴魚粉和鹽，煮至紅麵線軟化。

5 再倒入拌勻的太白粉水勾芡，煮滾後關火。

6 平均盛入碗中，再加入蒜蓉汁、烏醋及香菜末即可。

▸ 食用時添加蒜蓉汁、烏醋，可讓湯頭增香。

20
個

北部粽

小吃故事

北部粽的米粒比較像油飯，搭配鹹蛋黃、香菇與肉塊等，並使用麻竹葉將其包覆，以蒸的方式製成；南部粽則是在糯米中加入大量的紅蔥酥，再搭配蛋黃、滷五花肉、香菇、花生、栗子等，以水煮方式製成。

材料 *Ingredients*

• 食材 A

長糯米 ---- 500g
圓糯米 ---- 500g
鹹蛋黃 ---- 10 顆（150g）
蘿蔔乾 ---- 300g

• 食材 B

豬板油 ---- 300g
冬蝦 ---- 30g
蝦皮 ---- 30g
紅蔥頭 ---- 30g
乾香菇 ---- 10g

• 食材 C

豬五花肉 ---- 800g
八角 ---- 10g
桂皮 ---- 10g
青蔥 ---- 30g
蒜頭 ---- 30g

• 調味料

醬油 ---- 200g
黑胡椒粉 ---- 15g
細砂糖 ---- 50g
米酒 ---- 100g
水 ---- 1000g

• 淋醬

蒜蓉甜辣醬 ---- 20g » P.23

• 其他

粽葉 ---- 40 片
棉繩 ---- 1 束

食材處理

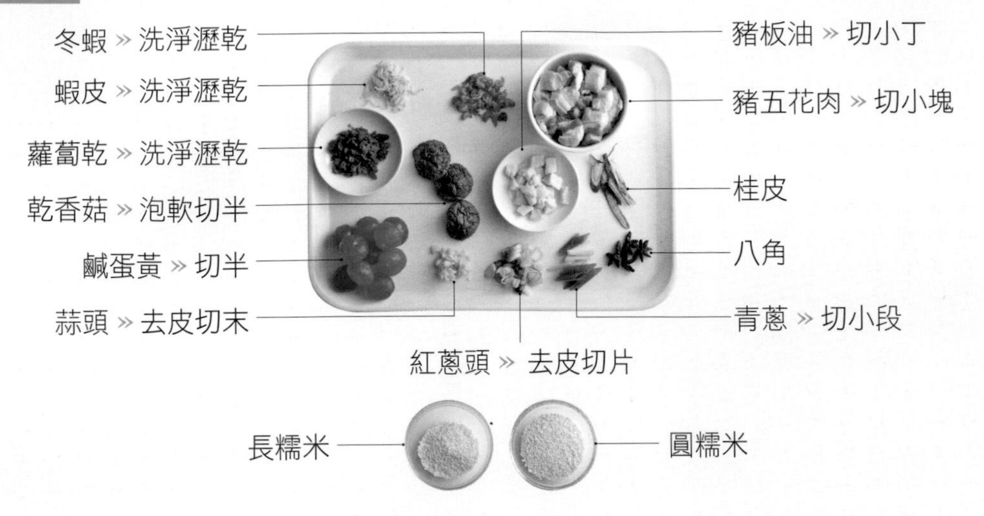

作法 — *Step by Step*

前置準備

1 長糯米、圓糯米分別洗淨後泡水 2 小時，再放入滾水，以大火汆燙 15 秒鐘。

▸ 糯米先汆燙，可縮短蒸製時間。

2 再移至蒸籠，以大火蒸 20 分鐘至熟，取出。

3 鹹蛋黃放入烤箱，以 100℃ 烤約 10 分鐘至產生香氣。

4 蘿蔔乾以小火乾炒出香氣；粽葉泡水後洗淨瀝乾，備用。

▸ 蘿蔔乾又稱碎菜脯，先洗過可去除一些鹹味。

5 豬板油丁放入鍋中，以小火慢慢炸出油來，撈除豬油渣。

6 將冬蝦、蝦皮、紅蔥頭、乾香菇放入豬油鍋，炸至呈金黃色，立即撈起瀝油備用。

滷豬五花肉

7 豬五花肉放入滾水，以大火汆燙 1 分鐘，撈起後洗淨，放入燉鍋。

▸ 豬五花肉經過汆燙和清洗，可去除血水腥味。

8 再加入八角、桂皮、青蔥、蒜頭和所有調味料，以大火煮滾後，轉小火滷約 30 分鐘，保溫備用。

糯米餡料

9 蒸熟的糯米放入調理盆，加入適量滷肉的醬汁，拌勻。

10 再加入冬蝦、蝦皮、紅蔥頭、乾香菇和蘿蔔乾，拌勻即為糯米餡料。

▸ 冬蝦又稱金勾蝦、蝦米。

作法

Step by Step

包粽子

11 取 2 片粽葉（粽梗凸面朝外），粽葉頭尾交錯重疊，折成漏斗狀。

12 先填入 2 大匙糯米餡料，再依序放上鹹蛋黃、滷肉。

13 接著鋪上一層糯米餡料，並壓緊實。

14 將上半部粽葉往糯米餡方向折，並蓋起來。

15 倒扣於掌心後，將兩側粽葉往上折貼附粽身，折成立體錐形。

16 再用棉繩繞兩圈，並打上活結即可，依序完成另外 19 個粽子包裹步驟。

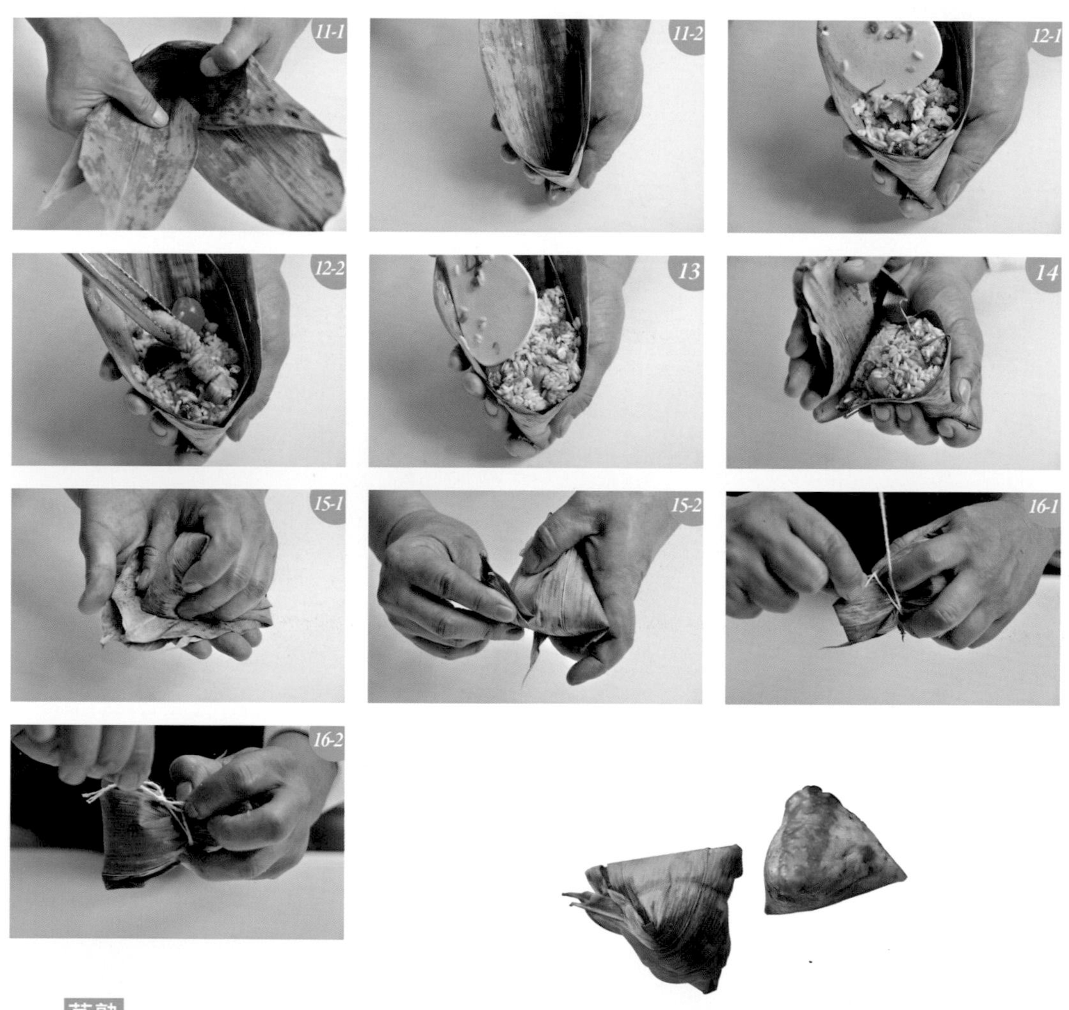

蒸熟

17 整串包好的粽子放入蒸籠，以大火蒸 35～40 分鐘至熟。

18 粽葉拆除後放入盤中，淋上蒜蓉甜辣醬即可食用。

Chapter 4
暖胃羹湯類

4
人份

鴨肉羹

材料 Ingredients

・食材

鴨肉	600g
蒜頭	5g
冬菜	15g
水	1200g
竹筍	300g

・醃料

醬油	15g
香油	15g
雞粉	5g
鹽	5g
太白粉	30g

・調味料

蒜頭油	60g
蒜頭酥	30g » P.28
白胡椒粉	5g
雞粉	5g
鹽	5g
細砂糖	10g

・芡汁

太白粉	90g
水	180g

食材處理

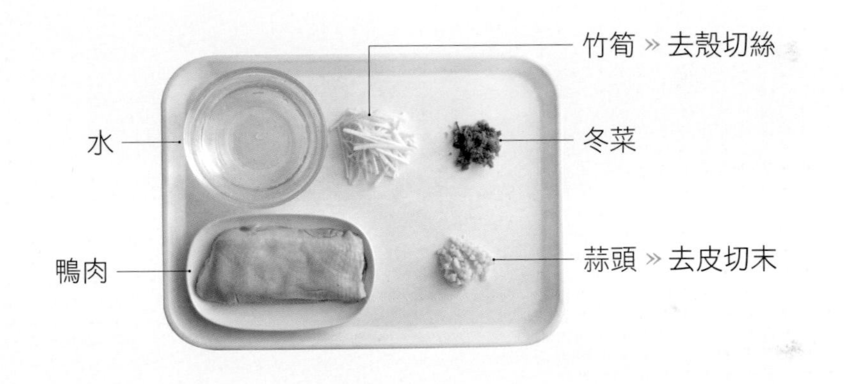

作法 Step by Step

醃製鴨肉

1 鴨肉去骨後將鴨肉切薄片，和醃料拌勻，醃製約 30 分鐘入味。

▸ 鴨骨可留著熬湯，高湯作法可參考 P.21，雞骨架換鴨骨即可。

烹調勾芡

2 取少許油倒入炒鍋，利用冷油將鴨肉小火炒至熟，盛起備用

3 蒜頭油倒入作法 2 炒鍋，以小火加熱，炒香蒜末及冬菜。

▸ 市面上有販售蒜頭油（又稱蒜風味油），加一些可提升羹湯香氣。

4 將 1200g 水倒入湯鍋，並加入竹筍絲，以中火煮熟。

5 再加入蒜頭酥、白胡椒粉、雞粉、鹽和細砂糖，拌勻並煮滾。

6 接著以拌勻的太白粉水勾芡煮滾，平均倒入碗中，加入炒熟的鴨肉即可。

4
人份

赤肉羹

小吃故事

肉羹是台灣小吃及羹湯類代表菜色之一，作法有兩種，早期製作方式是將豬肉切條後裹粉後，再放入高湯中烹煮；另一種作法是目前較常吃到的肉羹湯，將豬肉與魚漿混合後整成條狀，這兩種方式的口感微差異，經由勾芡後的滑順美味度相近。

材料 Ingredients

・食材

食材	份量
豬肉	300g
魚漿	150g
花枝漿	150g
豬骨高湯	1200g » P.20
白蘿蔔	200g
紅蘿蔔	100g
香菜	10g

・醃料

醃料	份量
五香粉	1.2g
肉桂粉	1.2g
蒜頭粉	1.2g
醬油	5g
香油	5g
太白粉	15g

・調味料

調味料	份量
白胡椒粉	5g
五香醋	15g

・芡汁

芡汁	份量
太白粉	90g
水	180g

食材處理

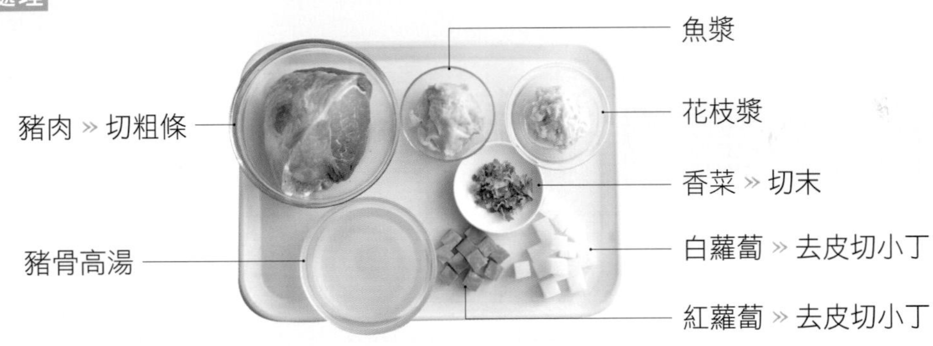

作法 Step by Step

製作豬肉漿

1 豬肉放入調理盆，加入醃料，拌勻醃製約 30 分鐘入味。

▶ 豬肉可以選擇較瘦的部位，例如：腰內肉、里肌肉、後腿肉。

2 將魚漿、花枝漿與醃製好的肉條，拌勻。

烹調勾芡

3 準備一鍋滾水，轉小火，將肉條放入滾水泡煮熟成，撈起即為肉羹。

▶ 煮肉條的水可與適量豬骨高湯混合，增加香氣。

4 豬骨高湯倒入湯鍋，切小丁的白蘿蔔、紅蘿蔔放入湯鍋，以中火煮熟。

5 接著加入肉羹及調味料拌勻並煮滾，再以拌勻的太白粉水勾芡。

▶ 五香醋以白醋爲基底，加上花椒、八角、陳皮、桂枝等製成的風味醋，亦可換成烏醋。

6 煮滾後盛入碗中，加上香菜末即可。

4
人份

土魠魚羹

材料 Ingredients

・食材

- 土魠魚 400g
- 扁魚 1g
- 乾香菇 2g
- 高麗菜 300g
- 海鮮高湯 1200g » P.18
- 香菜 10g

・裹粉

- 地瓜粉 400g

・醃料

- 醬油 15g
- 米酒 15g
- 香油 15g
- 白胡椒粉 5g
- 薑母粉 5g
- 太白粉 15g

・調味料

- 蒜頭酥 30g » P.28
- 白胡椒粉 5g
- 烏醋 30g
- 細砂糖 30g

・芡汁

- 太白粉 90g
- 水 180g

食材處理

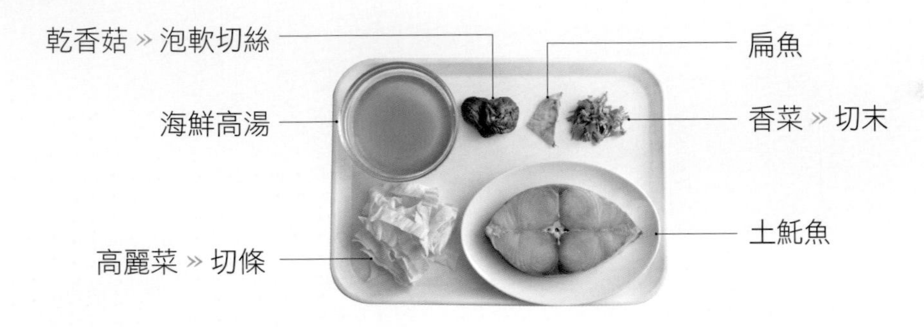

作法 Step by Step

炸土魠魚

1. 土魠魚去骨，取魚肉切小塊，和醃料拌勻，醃製約 30 分鐘入味。
2. 將土魠魚均勻沾一層地瓜粉，再放入 180℃ 油鍋中，炸熟且金黃色後撈起。

烹調勾芡

3. 扁魚放入 180℃ 油鍋中，炸乾後撈起，搗碎。
   ▸ 扁魚炸乾後鮮味會充分釋出，壓碎後入鍋拌炒，可讓湯頭更鮮甜。
4. 鍋中倒入少許油，以小火炒香扁魚、香菇。
5. 再放入高麗菜和 1200g 海鮮高湯，轉中火煮滾。
6. 接著加入所有調味料拌勻並煮滾，再加入拌勻的太白粉水勾芡煮滾。
   ▸ 薑母粉具辛辣味，烹調時添加少許可增加美味。
7. 將羹湯平均裝入碗中，再放上炸酥脆的土魠魚，撒上香菜即可。

4
人份

沙茶魷魚羹

▶小吃故事

沙茶魷魚羹大約是 1970 年於台灣興起，應該是最早把羹字寫成焿的起源。在台灣各縣市，如果仔細觀察會發現肉羹可寫成「羹」或「焿」，但沙茶魷魚焿大部分都寫成焿。

材料 Ingredients

・食材

泡發魷魚 …… 300g
豆芽菜 …… 100g
蒜頭 …… 50g
海鮮高湯 … 1200g » P.18
雞蛋 …… 1顆（50g）
九層塔 …… 5g

・調味料

沙茶醬 …… 30g
柴魚片 …… 2g

・芡汁

太白粉 …… 90g
水 …… 180g

食材處理

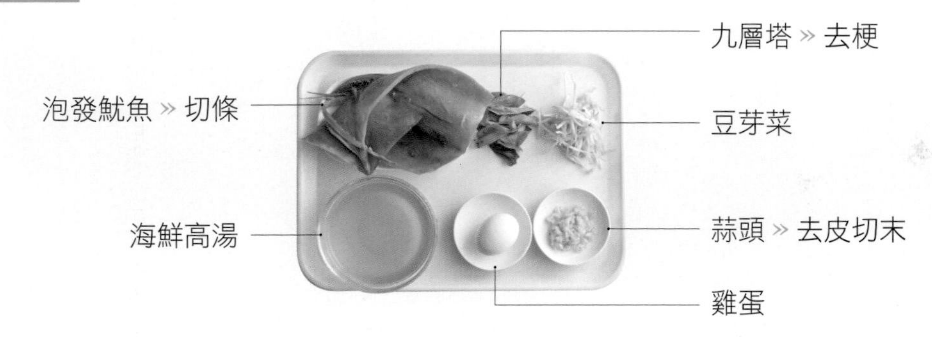

作法 Step by Step

前置準備

1 泡發魷魚、豆芽菜分別放入滾水，以中火汆燙約 1 分鐘，撈起後盛入碗中。

烹調勾芡

2 蒜末及沙茶醬放入炒鍋，以小火炒香。
▶ 蒜末和沙茶醬先炒過，能釋出香氣，而且沙茶醬富油脂，所以不需加油烹調。

3 再倒入海鮮高湯、柴魚片，轉中火煮滾。

4 接著加入拌勻的太白粉水勾芡，再倒入蛋液，邊拌邊煮至滾。

5 將羹湯平均倒入裝魷魚及豆芽菜的碗中，最後放上九層塔即可。

4
人份

生炒花枝羹

材料 Ingredients

・食材

花枝 500g
蒜頭 30g
洋蔥 60g
海鮮高湯 1200g » P.18
竹筍 120g
紅蘿蔔 80g
黑木耳 80g

・調味料

白醋 60g
細砂糖 60g
白胡椒粉 5g

・芡汁

太白粉 90g
水 180g

食材處理

作法 Step by Step

烹調勾芡

1 鍋中倒入少許油，以小火加熱，放入花枝快速炒過，盛起。
2 將蒜末及洋蔥絲放入原鍋中，繼續小火炒香。
  ▸ 可直接購買已去皮的蒜仁，處理過程更方便。
3 倒入海鮮高湯，轉中火煮滾，再加入筍片、紅蘿蔔片和木耳片煮熟。
4 接著放入炒過的花枝片，並加入所有調味料，炒勻。
5 最後倒入拌勻的太白粉水勾芡，煮滾即可。

豆簽羹

▶小吃故事

豆簽羹是以米豆粉製成的豆簽，外觀爲條狀麵，並加入海鮮等佐料烹調的料理，爲早期台灣農業社會獨自發展出來的地方小吃，現今已是聞名全國的古早味小吃。

材料 Ingredients

・食材

豆簽 120g
虱目魚肚 120g
鮮蚵 120g
鮮蝦 30g
雞骨高湯 1200g » P.21
瓠瓜 60g
香菜 5g

・調味料

油蔥醬 30g

・芡汁

太白粉 90g
水 180g

食材處理

作法 Step by Step

前置準備

1. 豆簽放入滾水，以中火汆燙約 30 秒鐘至半軟，撈起後沖冷水，瀝乾備用。
2. 虱目魚肚、鮮蚵和鮮蝦放入另一鍋滾水，以中火汆燙約 1 分鐘至熟，撈起瀝乾。
   ▸ 蝦頭和蝦殼可留下來製作海鮮高湯，作法見 P.18。

烹調勾芡

3. 雞骨高湯倒入鍋中，以中火煮滾，再加入瓠瓜絲及豆簽麵，繼續煮熟。
4. 接著倒入拌勻的太白粉水勾芡並煮滾，平均盛入碗中。
5. 放上煮熟的虱目魚肚、鮮蚵和鮮蝦，最後加上油蔥醬及香菜即可。
   ▸ 食用時可依個人口味加入白胡椒粉、烏醋、辣椒醬，增加香氣。

4
人份

新竹貢丸湯

▶小吃故事

摃丸一詞源自福州沿海附近的一個小村莊，有一名孝子早年喪父，母親因傷心過度而導致雙目失明。爲了讓母親再次享受豬肉的美味，孝子便把肉塊像搗糯米般捶成肉漿後捏成丸狀，放入水中煮熟。後人取「捶」的閩南發音爲「摃」，捏成的形狀爲「丸」，取名爲「摃丸」，這就是貢丸的由來。

材料

Ingredients

• 食材

豬胛心肉	300g
豬板油	100g
豬骨高湯	2000g » P.20
芹菜	30g

• 調味料 A

雞粉	5g
鹽	2.5g
細砂糖	5g
白胡椒粉	5g
蒜頭粉	5g
太白粉	15g
蛋白	35g
香油	15g

• 調味料 B

白胡椒粉	5g

食材處理

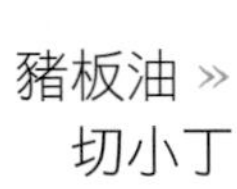

作法

Step by Step

製作肉漿

1 豬胛心肉、豬板油放入調理機，以中速攪拌成碎狀，取出後冷藏 30 分鐘。

2 將冰鎮的豬胛心肉、豬板油放入調理盆，加入調味料 A，拌勻後摔打至肉漿產生黏性。
▸也可使用調理機中速攪拌，攪拌過程讓絞肉溫度維持在 12°C以下，如此貢丸的口感較好。

烹調組合

3 煮一鍋水，以中火煮至水溫維持在 70～80℃。

4 將肉漿從虎口依序擠成丸子狀。
▸可依喜好決定貢丸尺寸。

5 用湯匙撥入溫水中，泡煮成貢丸形狀，撈出。

6 豬骨高湯倒入另一個湯鍋，以中火煮滾。

7 將泡熟的貢丸撈起後放入高湯中，繼續煮滾。

8 再平均舀入碗中，放入芹菜末及白胡椒粉即可。

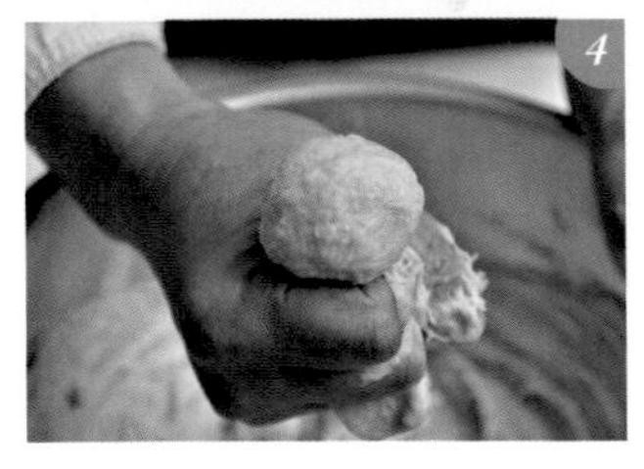

薑母鴨

▸小吃故事

老薑（閩南語薑母）與鴨肉一起煮成薑母鴨料理，在台灣是秋冬季節補氣暖身的著名小吃，目前已成爲台灣前五大鍋物之一。

材料 Ingredients

• 食材		• 中藥材		• 調味料	
土番鴨肉	600g	枸杞	30g	胡麻油	150g
老薑	150g	桂皮	30g	薑母粉	15g
水	600g	川芎	20g	冰糖	15g
		當歸	10g	米酒	600g
				鹽	10g

食材處理

作法 Step by Step

烹調組合

1. 胡麻油倒入炒鍋，以小火加熱，先放入老薑炒香。
2. 再放入鴨肉，續炒至稍乾有香氣。
3. 接著加入薑母粉、冰糖，拌炒至呈焦糖色。
4. 再倒入米酒及 600g 水，並加入所有中藥材，以大火煮滾。
   ▸ 中藥材可用棉布袋裝起來，更方便烹煮
5. 轉小火續煮 50 分鐘，加入鹽調味後盛入砂鍋保溫。
   ▸ 可依喜好加入高麗菜、凍豆腐、豆皮等烹煮。

6
人份

羊肉爐

▶小吃故事

涮羊肉據說源於忽必烈的元朝鐵騎，因爲打仗需要花費許多精神和力氣，爲了讓軍隊的士兵補氣養身、行軍更迅速。於是當年的騎兵拿起頭盔裝水煮沸，將羊肉切薄後放入滾水涮一涮，久而久之形成一種特殊吃法，後來即演變成現今的羊肉爐。

材料 Ingredients

・食材 A

- 帶皮羊肉 600g
- 老薑 100g
- 水 1200g

・食材 B

- 大白菜 300g
- 角螺豆皮 50g
- 凍豆腐 50g
- 金針菇 50g

・中藥材

- 當歸 10g
- 桂皮 20g
- 甘草 10g
- 川芎 20g

・調味料

- 胡麻油 100g
- 米酒 600g
- 鹽 15g
- 雞粉 15g

・沾醬

- 腐乳醬 60g » P.25

食材處理

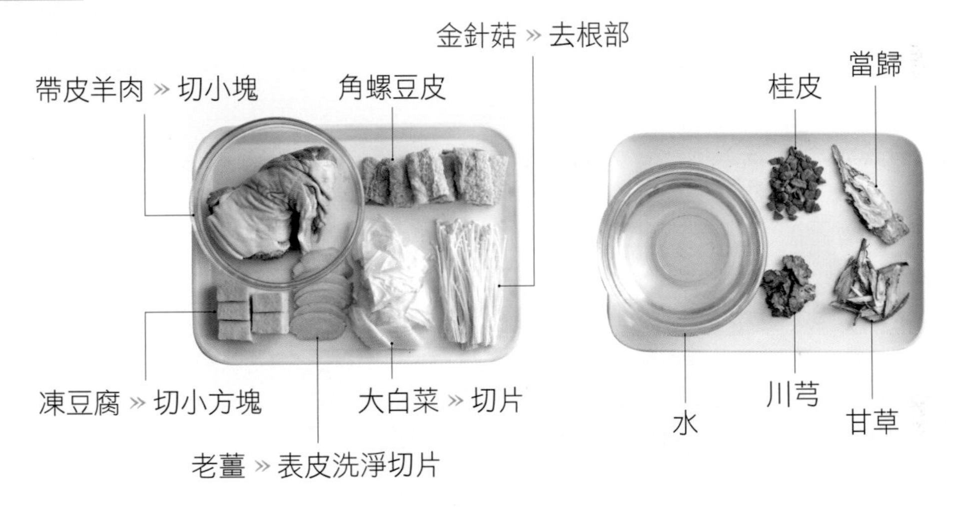

作法 Step by Step

前置準備

1. 帶皮羊肉放入滾水，以中火汆燙約 1 分鐘，撈起後用清水洗淨，瀝乾備用。
   ▸羊肉先汆燙，可去除血水腥味。

烹調組合

2. 胡麻油倒入炒鍋，以小火炒香老薑片，再放入羊肉續炒香。
3. 接著倒入米酒及 1200g 水，並加入所有中藥材。
4. 以大火煮滾後轉小火燉煮 1.5 小時，再加入鹽和雞粉調味，關火。
5. 撈起羊肉、挑除中藥材，並濾出湯汁備用。
6. 將所有食材 B 及羊肉依序排入砂鍋，倒入羊肉湯。
7. 移至卡式爐加熱，食用時沾腐乳醬即可。
   ▸也可以將食材 B 在瓦斯爐加熱完成，再搭配腐乳醬。

4
人份

牛肉湯

▶小吃故事

牛肉湯是流行於台南的著名小吃；特色是使用當天清晨宰殺的新鮮溫體牛肉，即只用本土牛肉做爲材料，將溫體牛肉切成薄片，再澆淋牛大骨熬煮的高湯，通常會搭配白飯或肉燥飯一起食用。

材料 Ingredients

・食材 A

- 牛大骨 600g
- 洋蔥 150g
- 老薑 30g
- 水 2400g

・食材 B

- 溫體牛肉 300g
- 嫩薑 50g

・香料

- 月桂葉 1g
- 白胡椒粒 15g
- 陳皮 15g

・調味料

- 米酒 600g
- 鹽 15g

・沾醬

- 蔭油膏 30g
- 豆醬 20g
- 細砂糖 10g

食材處理

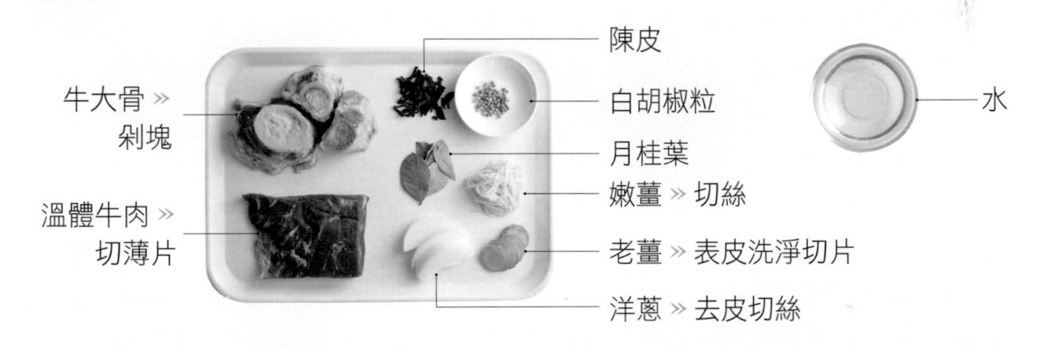

作法 Step by Step

前置準備

1. 牛大骨放入滾水中，以中火汆燙約 1 分鐘，撈起用清水洗淨，瀝乾備用。
2. 所有香料放入棉布袋，袋口綁緊。
   ▸ 香料裝入棉布袋，可避免烹煮時散落湯中而需花時間撈除。

烹調組合

3. 牛大骨、洋蔥、老薑及香料包放入另一個湯鍋。
4. 再倒入水及米酒，以大火煮滾轉小火燉煮 2 小時，加入鹽調味，即為牛高湯。
5. 溫體牛肉片放入碗中，加入嫩薑絲，將煮滾的牛高湯沖入碗中，搭配沾醬食用。
   ▸ 碗用瓷碗聚熱效果佳，牛肉片可隨個人喜好決定熟度。

4
人份

養顏四神湯

▶小吃故事

四神湯是用淮山、芡實、蓮子和茯苓四種中藥材，搭配豬肚或豬小腸烹煮成鹹湯，後來許多業者為了減少藥材味或增加口感和減少成本考慮，通常用薏仁取代芡實，或是只使用薏仁和豬小腸煮湯。

材料 Ingredients

・食材

- 豬小腸 300g
- 水 3000g

・中藥材

- 四神中藥包 1 包（150g）
- 當歸 1g
- 川芎 3g

・調味料

- 鹽 10g
- 雞粉 10g
- 米酒 60g

食材處理

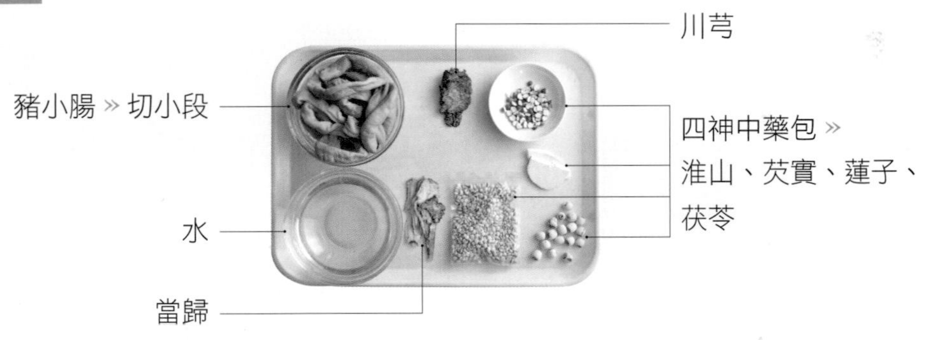

作法 Step by Step

前置準備

1. 豬小腸放入滾水中，以中火汆燙約 1 分鐘，撈起用清水洗淨，瀝乾備用。
   ▸ 汆燙時可加入適量青蔥、老薑和米酒，達到去腥作用。

烹調組合

2. 將 3000g 水倒入另一個湯鍋，放入所有中藥材、豬小腸。
3. 以大火煮滾轉小火，燉煮 1.5 小時。
4. 再加入鹽、雞粉調味，食用前加入米酒提香即可。

枸杞土虱

▶小吃故事

枸杞土虱是台灣夜市常見的小吃之一，一般會把土虱切成魚頭、魚腹、魚尾三部分，搭配當歸、枸杞等中藥材，與水、米酒烹煮，再依據消費者的喜好，請店家舀出喜好的部位，最後加入九層塔增加香氣。

材料 Ingredients

- 食材

土虱	600g
老薑	15g
九層塔	5g
水	2400g

- 中藥材 A

枸杞	15g

- 中藥材 B

當歸	25g
川芎	10g
黃耆	15g
熟地	2g
蔘鬚	25g
桂枝	15g

- 調味料

米酒	600g
雞粉	10g
鹽	10g

食材處理

作法 Step by Step

前置準備

1. 土虱放入滾水中，以中火汆燙約 1 分鐘，撈起用清水洗淨，瀝乾備用。
2. 枸杞洗淨後泡入 100g 米酒 30 分鐘。

烹調組合

3. 所有中藥材 B、老薑片放入另一個湯鍋，並倒入水及剩餘的 500g 米酒。
4. 以大火煮滾後轉小火煮 30 分鐘，撈起中藥材，留著中藥湯。
   ▸ 中藥材可用棉布袋裝盛，避免烹煮時散落於湯汁。
5. 將汆燙的土虱放入中藥湯內，以中火煮約 10 分鐘至熟。
6. 最後加入雞粉和鹽調味，盛起後倒入枸杞酒，放上九層塔即可。

4
人份

加味四物雞

▶小吃故事

四物湯是傳統中醫流傳下來的藥方，使用熟地黃、白芍、當歸及川芎這四種中藥材。最常聽到是具補血調經的效果，可減緩女性的經痛，但其實不限定女生才能喝，有貧血症狀者都可適量食用。

材料 Ingredients

・食材

土雞肉 ······ 600g
加味四物包 ······ 1包（150g）
水 ······ 2400g

・調味料

米酒 ······ 600 g
鹽 ······ 10g
雞粉 ······ 10g

食材處理

作法 Step by Step

前置準備

1 土雞肉放入滾水中，以中火汆燙約 1 分鐘，撈起用清水洗淨，瀝乾備用。

烹調組合

2 將土雞肉、加味四物包放入鍋中，並加入米酒與水。
▸加味四物藥材包含：熟地黃、白芍、當歸、川芎、紅棗、枸杞、黃耆、故紙花、黨蔘、桂枝。

3 以大火煮滾後轉小火，續煮約30～40分鐘至熟。

4 最後加入鹽、雞粉調味即可。
▸可用電鍋燉煮，外鍋倒入 1.5 杯量米杯水蒸煮。

4
人份

藥燉排骨

▶小吃故事

藥燉排骨是普及於台灣各大夜市的溫補製品，是特色小吃，與新加坡、馬來西亞肉骨茶的香料不太一樣，但都是用豬肋骨熬煮，一碗一碗販售。在台灣則以士林夜市、饒河街夜市的藥燉排骨最爲聞名。

材料 Ingredients

・食材

藥燉排骨中藥包	1包（150g）
豬肋排	600g
水	2700g

・調味料

米酒	300g
雞粉	10g
鹽	10g

食材處理

作法 Step by Step

前置準備

1 豬肋排放入滾水中，以中火汆燙約1分鐘，撈起用清水洗淨，瀝乾備用。
▸豬肋排經過汆燙，可去除雜質和腥味。

烹調組合

2 藥燉排骨中藥包、豬肋排放入燉鍋，並倒入水和米酒。
▸排骨中藥包內容物有枸杞、紅棗、熟地、當歸、桂皮、桂枝、白芍、川芎等，一般中藥店可買到。

3 以大火煮滾後轉小火，燉煮1小時。

4 最後加雞粉和鹽調味即可關火。

4 人份

麻油雞酒

小吃故事

麻油雞是以米酒和胡麻油烹煮雞肉的一道湯品，胡麻油性味生時偏寒，經過加熱後轉溫，而薑與米酒也都偏熱性，所以麻油雞是屬於熱補的料理，適合體質虛寒者食用。在台灣多爲坐月子的產婦食用，後來更成爲在地的特色料理之一。

材料 Ingredients

・食材

土雞肉 …… 600g

老薑 …… 100g

・調味料

胡麻油 …… 100g

米酒 …… 600g

食材處理

土雞肉 » 切小塊

老薑 » 表皮洗淨切片

作法 Step by Step

烹調組合

1 胡麻油倒入炒鍋，以小火炒香老薑片。

2 加入雞肉，繼續用小火炒出香氣。

3 再倒入米酒，以中大火煮滾轉小火，續煮約 20 分鐘即可。

▶ 麻油雞最重要的靈魂是米酒，不需要加其他調味料。

Chapter 5

巧食鹹點類

4
人份

淡水阿給

▶小吃故事

淡水阿給在台北淡水是代表性的美食，四方形油豆腐，封口處抹上一層魚漿。「阿給」是「油豆腐」的日文念法，阿給雖是日語發音轉化而來，卻無日本料理的影子，是淡水傳統特色小吃之一。

材料 Ingredients

・食材

油豆腐 4塊（160g）
冬粉 50g
冬蝦 20g
豬絞肉 80g
魚漿 200g
香菜 2g

・調味料

醬油 15g
白胡椒粉 5g
水 150g

・淋醬

蒜蓉甜辣醬 60g » P.23

食材處理

作法 Step by Step

前置準備

1. 油豆腐從側邊剪開；冬粉泡軟後剪短，備用。
   ▸ 油豆腐有方形及長方形，方便購買即可。
2. 炒鍋中倒入少許油，以小火炒香冬蝦、豬絞肉。
3. 再加入調味料炒勻，接著加入冬粉炒熟，即為冬粉餡料。

填餡蒸製

4. 每個油豆腐從側邊剖開，填入適量冬粉餡料。
5. 再抹上魚漿，用手指或湯匙背抹平並確認完全封口。
6. 放入蒸籠中，以大火蒸 15 分鐘，取出放入碗中。

搭配淋醬

7. 淋上蒜蓉甜辣醬，再加上香菜末即可。

芋粿巧

▸小吃故事

芋粿巧來自閩南地區，是老少皆喜歡的小點，口感彈牙、味道濃郁，讓人一吃難忘。芋粿巧名稱的由來是因其以「芋」頭加入「粿」粉團，再整形成彎月狀，「巧」台語為彎曲的意思，經蒸籠蒸製而成的米食製品。

材料 Ingredients

・食材

芋頭 300g
冬蝦 40g
紅蔥頭 40g

・粉漿

糯米粉 500g
100℃熱水 250g

・調味料

鹽 2.5g
細砂糖 15g
醬油 15g
五香粉 1.2g
白胡椒粉 5g

・其他

粽葉 12 片

食材處理

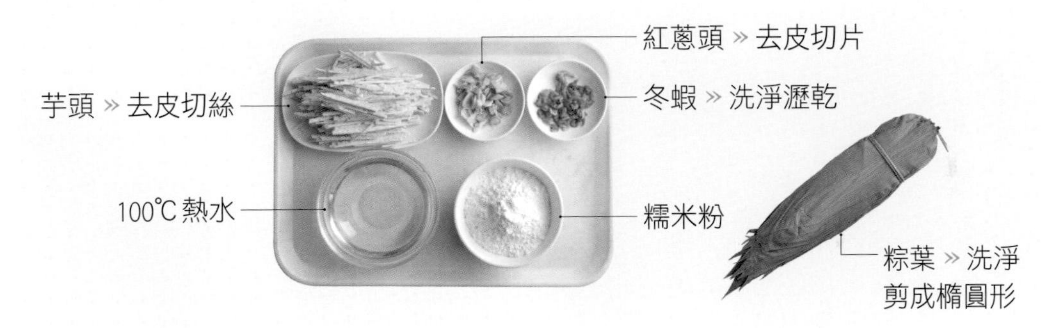

作法 Step by Step

前置準備

1 紅蔥頭片、芋頭絲放入 150℃油鍋中，炸至金黃色後撈起備用。
2 撈起油渣，留少許油用小火炒香冬蝦。
3 再加入炸熟的芋頭絲和調味料，炒勻，接著加入紅蔥酥快速炒勻，盛起。
4 糯米粉加入熱水，立即以擀麵棍攪拌均勻。
5 再和炒好的餡料混合拌勻。

整形蒸熟

6 將餡料粉團分成 12 份，分別搓圓後壓扁。
7 再整成彎月形，依序完成另外 11 個。
8 放在剪成橢圓形的粽葉上，再置入蒸籠，以中火蒸20～25分鐘至熟即可。

6-1

6-2

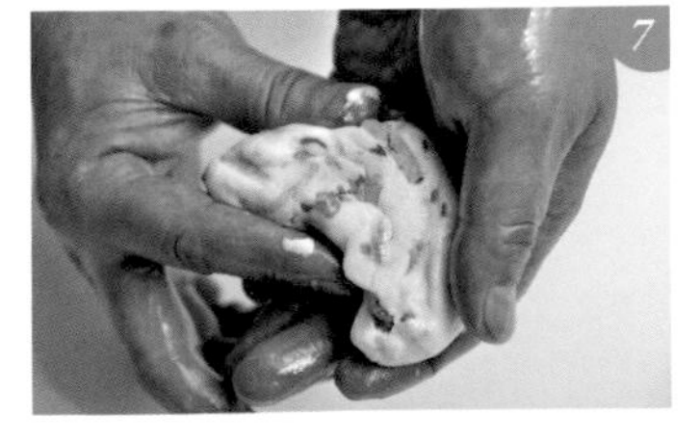
7

4
人份

大腸包小腸

材料 Ingredients

・食材
長糯米 120g
圓糯米 120g
豬大腸衣 300g
香腸 4條（120g）
小黃瓜 80g
醃漬嫩薑片 40g

・調味料
紅蔥酥 30g » P.27
鹽 2.5g
醬油 15g

・沾醬
蒜蓉甜辣醬 60g » P.23

食材處理

作法

Step by Step

前置準備

1 兩種糯米泡水約 30 分鐘，瀝乾後和調味料拌勻。

2 先刮掉豬大腸衣內的油塊後洗淨，再套入漏斗，灌入糯米料至腸衣的 7 分滿，開口綁緊備用。

烹調組合

3 糯米腸表面刺幾個洞後放入滾水，關火泡煮 10 分鐘，撈起。

▸ 糯米腸刺洞，可避免烹煮時糯米膨脹而爆開。

4 香腸放入滾水，關火泡煮 5 分鐘，撈起。

5 平底鍋加少許油，以小火加熱，放入糯米腸、香腸煎熟且上色。

▸ 糯米腸油煎後更有香氣。

6 糯米腸待稍涼，從中剖開，依序夾入小黃瓜絲、香腸及醃漬嫩薑片。

7 再淋上蒜蓉甜辣醬即可。

2-1

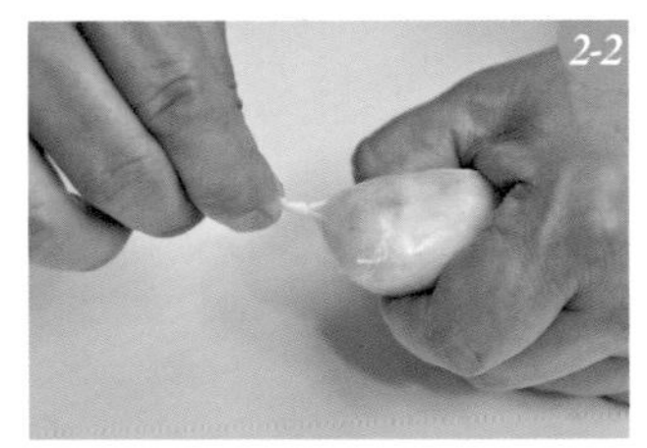
2-2

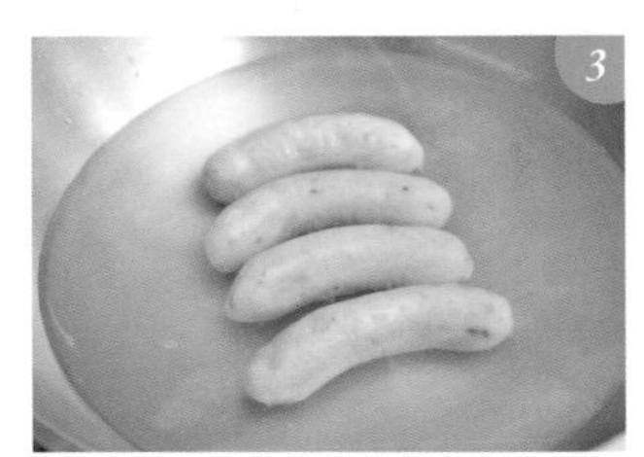
3

4

5

▸小吃故事

大腸包小腸起源於花蓮的客家人出門工作時的點心，後來才逐漸出現於夜市，成爲台灣的特色小吃。將烤過的糯米腸切開，夾入體積較小烤過或煎過的香腸，加上醃製而成的嫩薑片或喜歡的配料等。

4
人份

蔥油餅

▶小吃故事

早期農業社會幾乎家家戶戶都務農，由於蔥在當時隨手可得，蔥油餅成爲最好的點心之一。目前台灣最有名的蔥油餅是三星蔥油餅，以三星青蔥做成的蔥油餅，可以吃到蔥的鮮甜，更能吃到麵粉香。

材料 Ingredients

• 麵團

中筋麵粉 500g

100℃熱水 200g

冷水 60g

• 食材

青蔥 80g

• 調味料 A

鹽 2.5g

白胡椒粉 2.5g

• 調味料 B

純豬油 40g » P.22

食材處理

作法

Step by Step

蔥油餅麵團

1 中筋麵粉、調味料 A 放入調理盆，混合拌勻。

2 再沖入 100℃熱水，用擀麵棍攪拌均勻呈雪花片狀，接著倒入冷水拌勻。

3 繼續揉至表面光滑、不黏手且不黏盆的麵團。

4 靜置鬆弛 20 分鐘，再分成 4 份小麵團。

▸ 鬆弛能讓麵團休息一下，有助於後續擀捲製作。

5 每個小麵團擀成圓形，抹上一層純豬油，均勻撒上蔥末。

6 再捲起來成長柱，由外向內繞成螺旋狀。

7 鬆弛 10 分鐘，將麵團壓扁成厚度一致的圓形。

煎熟金黃

8 平底鍋倒入放少許油，放入蔥油餅麵皮。

9 用中小火煎至熟且兩面金黃即可。

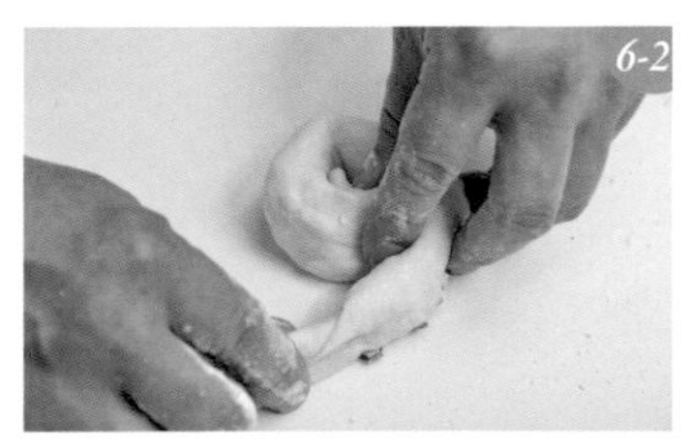

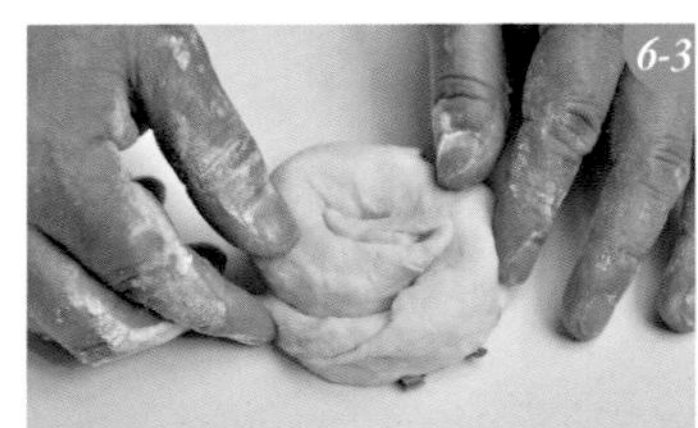

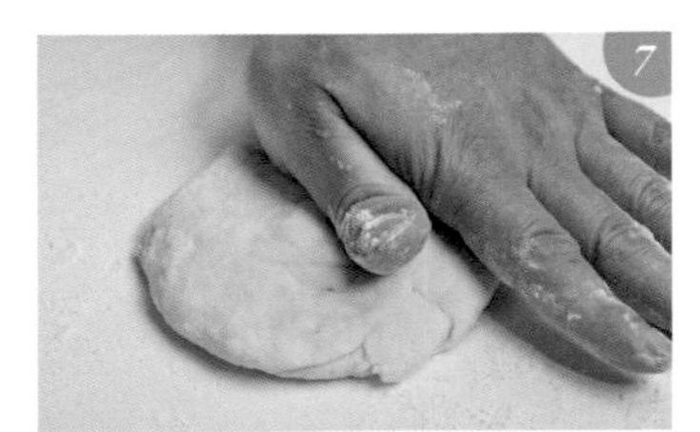

4
人份

鹹酥雞

▶小吃故事

鹹酥雞是常見的台灣小吃之一，台灣各地都有號稱是發源的老店，這是深受國人喜歡的鹹點美食，主要食材是雞肉塊沾粉油炸，搭配的佐料愈來愈多樣化，有酥炸九層塔、蒜末或洋蔥絲等。

材料 Ingredients

• 食材

帶骨雞胸肉……2 副（600g）
蒜頭……30g
九層塔……15g
地瓜粉……300g

• 醃料

醬油……15g
香油……15g
米酒……15g
五香粉……2.5g
肉桂粉……2.5g
蒜頭粉……2.5g

• 調味料

胡椒鹽……15g » P.24

食材處理

作法 Step by Step

醃製雞胸肉

1. 所有醃料拌勻，放入帶骨雞胸肉混合，醃製約 30 鐘入味。
2. 再均勻沾裹一層地瓜粉。

油炸組合

3. 雞胸肉放入 180℃ 油鍋中，以中火炸至金黃色，撈起。
4. 轉大火再次加熱油鍋至 200℃，放入雞胸肉酥炸 5 秒鐘，撈起瀝油。
   ▸ 大火再次油炸，可以逼出更多油分使雞胸肉更酥脆。
5. 接著放入蒜末及九層塔，酥炸 3 秒鐘立即撈起瀝油。
   ▸ 九層塔入油鍋前務必瀝乾水分，才能避免油爆危險。
6. 將炸好的雞胸肉、蒜末和九層塔混合，均勻撒上胡椒鹽即可。

4 人份

香雞排

▶小吃故事

香雞排是台灣常見的特色小吃，常見作法是先以醬料醃漬雞胸肉入味，再裹上地瓜粉後下鍋油炸，起鍋後再撒上胡椒鹽而成。香雞排在台灣還算比較年輕的小吃，大約是在 80 年代才開始盛行。

材料 *Ingredients*

• 食材

帶骨雞胸肉……2副(600g)
地瓜粉……300g

• 調味料

胡椒鹽……20g » P.24
辣椒粉……10g

• 醃料

五香粉……2.5g
肉桂粉……2.5g
蒜頭粉……2.5g
醬油……15g
香油……15g
米酒……15g
水……220g

食材處理

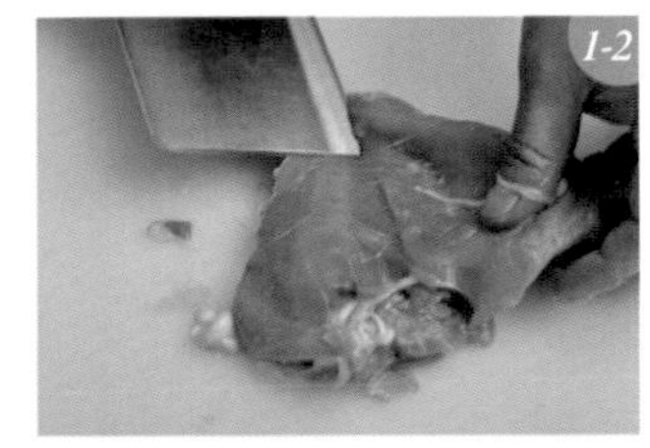

作法 *Step by Step*

醃製雞胸肉

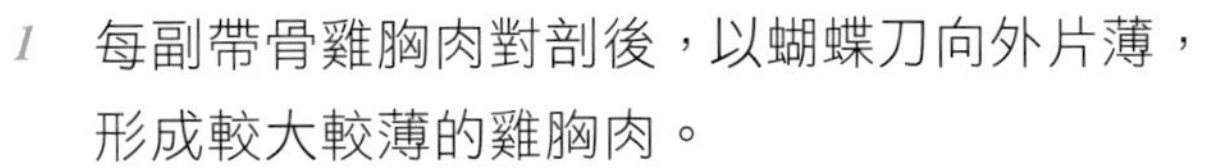

1 每副帶骨雞胸肉對剖後，以蝴蝶刀向外片薄，形成較大較薄的雞胸肉。

2 所有醃料拌勻，放入帶骨雞胸肉混合，醃製約 30 鐘入味。

3 雞胸肉均勻沾上一層地瓜粉，稍微按壓讓粉更附著在雞肉上。

油炸組合

4 雞胸肉放入180℃油鍋中，以中火炸至表面定型，撈起。

5 再以約 150℃油溫炸 7 分鐘至熟。

6 轉大火再次加熱油鍋至180℃，放入雞胸肉炸至外表酥脆金黃，撈起瀝油。
▸ 再次油炸，可以逼出更多油分使雞排更酥脆。

7 均勻撒上胡椒鹽及辣椒粉即可食用。

4
人份

蚵仔煎

▶小吃故事

台灣幾乎每個夜市都能找到賣蚵仔煎的攤位，有一起源來自閩南小吃，但在台南對蚵仔煎有另一種來源解釋，即鄭成功軍隊登陸台南與荷蘭軍隊交戰時，因糧食不足而就地取材，以番薯粉和其他穀粉打成漿，混合各種找得到的海產、肉類、青菜等，再以油鍋煎成餅，此即蚵仔煎的原型。

材料 Ingredients

・食材

鮮蚵	200g
小白菜	300g
雞蛋	4顆（200g）
蒜頭	15g
香菜	10g
細地瓜粉	80g

・醬汁

糯米粉	20g
水	50g
細砂糖	20g
醬油膏	20g
花生粉	20g

・沾醬

蒜蓉甜辣醬 60g » P.23

食材處理

作法 Step by Step

前置準備

1. 細地瓜粉和200g水（額外），拌勻成粉漿。
   ▸細地瓜粉和水的比例1：2.5。
2. 準備醬汁，糯米粉和水先調勻。
3. 細砂糖放入炒鍋，小火乾炒至有焦味上色。
4. 加入醬油膏及調勻的糯米粉水，煮滾且濃稠，再加入花生粉拌勻即完成醬汁。

烹調組合

5. 平底鍋倒入少許油，以小火加熱，均勻放上鮮蚵、小白菜，打入蛋汁，煎至鮮蚵半熟。
6. 再倒入拌勻的地瓜粉漿並覆蓋鮮蚵、小白菜、蛋汁，繼續煎熟，盛盤。
7. 食用時可搭配醬汁或蒜蓉甜辣醬。

12
個

韭菜盒子

材料 Ingredients

・食材

- 雞蛋 3顆（150g）
- 冬蝦 60g
- 豬絞肉 150g
- 冬粉 50g
- 韭菜 300g

・麵皮

- 中筋麵粉 600g
- 100℃熱水 200g
- 冷水 150g

・調味料

- 醬油 30g
- 白胡椒粉 5g
- 香油 5g

食材處理

作法 Step by Step

製作內餡

1. 炒鍋中倒入少許油，以小火炒熟蛋碎，盛起。
2. 再放入冬蝦，繼續小火炒香，盛起。
3. 豬絞肉以小火炒至變白，加入所有調味料炒勻，盛起。
   ▸餡料食材分開炒，味道彼此不干擾。
4. 將所有餡料放涼後混合拌勻備用。

製作麵皮

5. 中筋麵粉放入調理盆。
6. 再沖入100℃熱水，用擀麵棍攪拌均勻呈雪花片狀。

6-1

6-2

作法 — Step by Step

7 接著倒入冷水揉勻，繼續揉至表面光滑、不黏手且不黏盆的麵團。

8 麵團靜置鬆弛 20 分鐘

9 鬆弛好的麵團再稍微揉光滑，搓成長條後分成 12 份小麵團。

▸ 鬆弛能讓麵團休息一下，有助於後續包餡製作。

10 小麵團收口朝下滾圓，再擀成薄圓片。

7-1

7-2

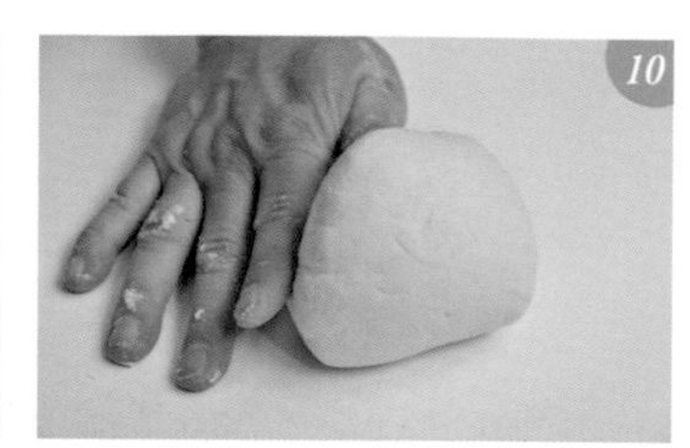
10

包餡煎熟

11 每片麵皮中間鋪上適量餡料。

12 將麵皮往上對折後，壓緊四周接口處。

13 拿飯碗在接口處邊緣壓平整，依序完成另外 11 個韭菜盒包餡步驟。

▸ 接口處壓緊後還可以捏花邊。

14 平底鍋抹少許油，以中小火加熱，放入韭菜盒煎至兩面上色金黃即可。

11

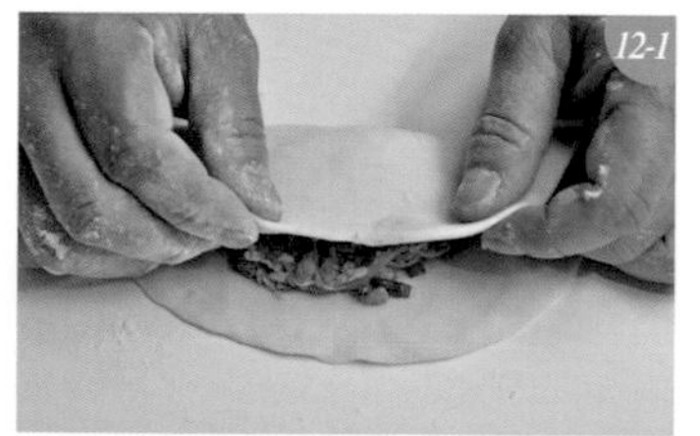
12-1

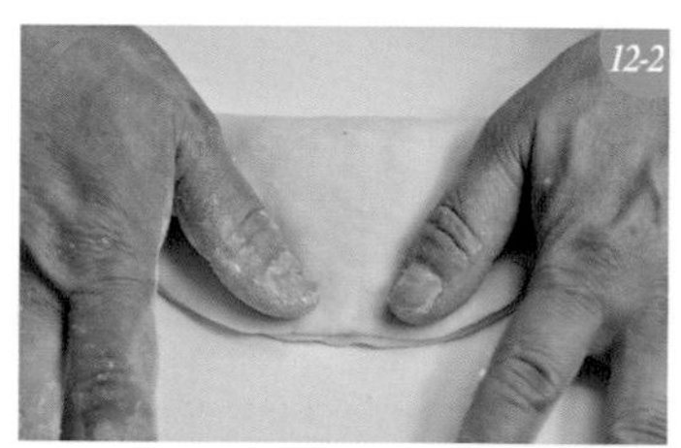
12-2

13-1

13-2

4
人份

棺材板

材料 Ingredients

・食材

- 吐司 ······ 250g
- 洋蔥 ······ 100g
- 培根 ······ 50g
- 玉米粒 ······ 50g
- 青豆仁 ······ 50g

・餡料

- 無鹽奶油 ······ 25g
- 中筋麵粉 ······ 25g
- 奶水 ······ 200g
- 水 ······ 500g
- 鹽 ······ 5g
- 細砂糖 ······ 10g

食材處理

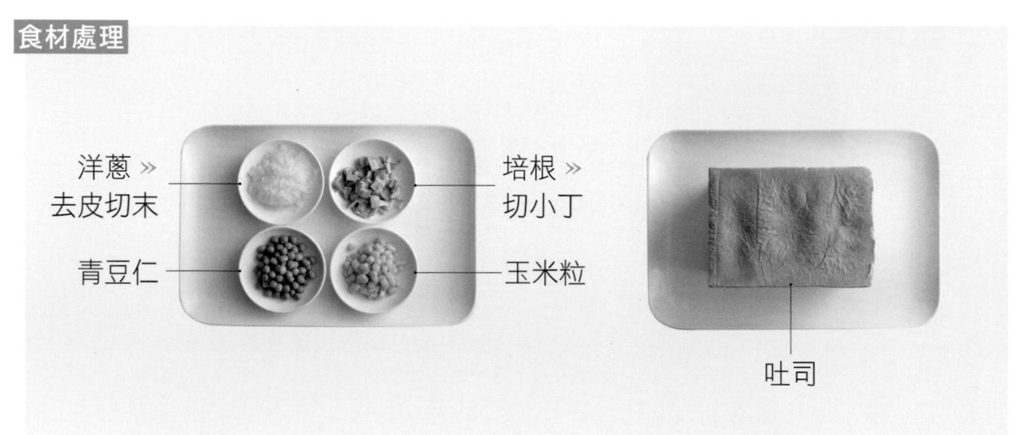

作法 Step by Step

製作餡料

1. 無鹽奶油放入炒鍋，以小火加熱熔化，放入中筋麵粉炒香。
2. 再加入奶水，以小火慢慢炒成糊狀後盛起，即為奶油糊。
3. 另一炒鍋倒入少許油，以小火炒軟洋蔥，加入培根炒上色。
4. 再倒入水、玉米粒、青豆仁和奶油糊，轉中火煮滾。
   ▸ 內餡蔬菜可依個人喜好變化，也能加入花枝丁、蝦仁等。

5 接著加入鹽和細砂糖炒勻，即為餡料。

▸ 用不完的奶油內餡，可以拿來拌麵條。

油炸吐司

6 切除吐司淺咖啡色邊，再將吐司切成厚度約 5cm 長方形。

▸ 吐司邊留著，可吸附吐司油炸後的油。

7 每個吐司的四邊各留 1cm，向下挖出約 3cm 深的凹洞。

8 將吐司放入 160℃ 油鍋中，炸至金黃色，立即撈起瀝油。

▸ 炸吐司的油溫不宜太低，以免吸油過多。

9 再鋪於作法 6 預留的吐司片上，吸附多餘的油。

填入餡料

10 將吐司上層削平成薄片，當成蓋子。

11 煮好的內餡填入挖空的吐司盒內，蓋上吐司蓋即可。

7

8-1

8-2

9

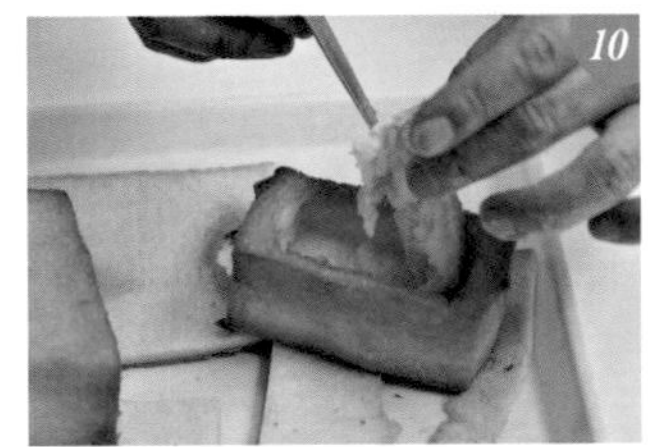
10

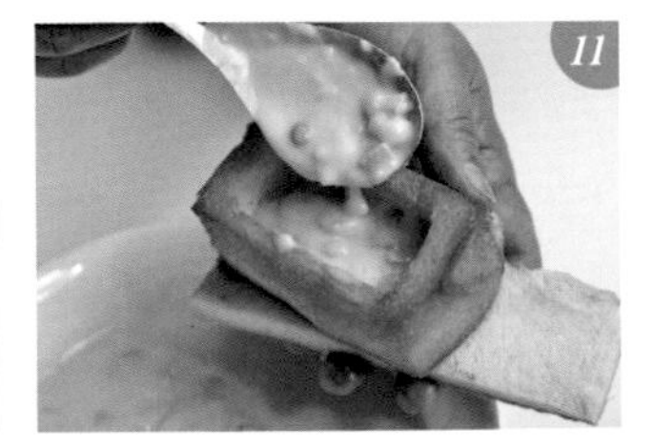
11

潤餅捲

▶小吃故事

潤餅捲又稱薄餅捲，用春捲皮包入各種蔬菜和肉條，並撒上花生糖粉，不需油炸即可食用。台灣及福建地區的家庭於尾牙、春節或清明時，會以潤餅皮祭祖，拜完後家族成員圍聚一桌，包入喜歡的內餡。

材料 Ingredients

• 食材 A

- 雞蛋 …… 2 顆（100g）
- 豬五花肉 …… 60g
- 高麗菜 …… 100g
- 紅蘿蔔 …… 20g
- 韭菜 …… 20g
- 豆芽菜 …… 100g
- 豆乾 …… 60g

• 食材 B

- 香菜 …… 5g
- 潤餅皮 …… 4 張

• 食材 C

- 花生粉 …… 60g
- 糖粉 …… 20g

• 調味料

- 雞粉 …… 5g
- 鹽 …… 2.5g
- 白胡椒粉 …… 5g

食材處理

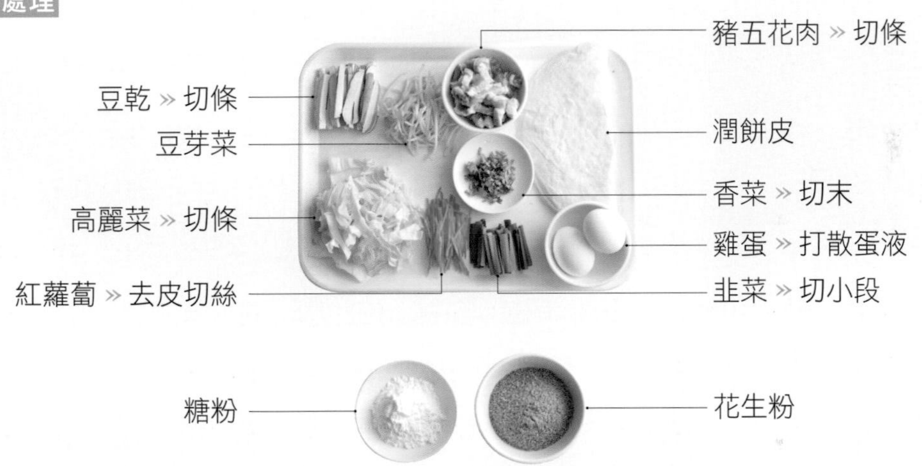

作法 Step by Step

前置餡料

1. 炒鍋中倒入少許油加熱，倒入蛋液，以小火煎成蛋皮，盛出後切成絲備用。
   ▸ 蛋液也可炒成軟嫩的散蛋。
2. 炒鍋中倒入少許油加熱，放入豬五花肉以小火炒至變白。
3. 再放入高麗菜、紅蘿蔔炒軟，接著加入韭菜、豆芽菜和豆乾炒熟，加入調味料炒勻，盛起。
   ▸ 蔬菜和肉類可分開炒，或是每樣食材各別炒，味道會更分明。
4. 花生粉和糖粉拌勻備用。

鋪餡捲起

5. 取 1 張潤餅皮鋪好，依序放上適量炒熟的餡料，撒上花生糖粉，再放上香菜。
6. 將潤餅皮左右向內折起來，再捲成圓筒狀即可。

6
人份

五香雞捲

▶小吃故事

台灣早年生活節儉，經常把宴席的剩菜切碎後拌入魚漿，以豆皮包捲後油炸再切塊吃，成為一道美味菜餚。台語「加」有多餘之意，「加捲」就是把多餘的剩菜肉末捲起來的食物，而「加捲」也有雞捲的諧音。

材料

Ingredients

・食材

豬絞肉	100g
魚漿	200g
洋蔥	50g
半圓豆皮	3 張

・調味料

醬油	15g
香油	15g
五香粉	2.5g
白胡椒粉	2.5g
太白粉	15g

・沾醬

蒜蓉甜辣醬 60g » P.23

食材處理

作法

Step by Step

製作餡料

1. 豬絞肉和調味料放入調理盆，攪拌均勻。
2. 再加入魚漿及洋蔥末，拌勻成餡料。

包餡油炸

3. 每張半圓豆皮切半成扇形。
4. 桌面鋪上一層保鮮膜，放上豆皮，在豆皮一側鋪上適量餡料。
5. 將豆皮左右向內折起來，再捲成圓筒狀，依序完成另外 5 捲包餡步驟。
6. 用保鮮膜捲起後兩端轉緊，再放入蒸籠，以中火蒸 15 分鐘。
7. 雞捲放入 160℃ 油鍋中，炸熟且金黃色，撈起瀝油。
   ▸ 亦可利用氣炸鍋，設定 200°C 加熱 12 分鐘。
8. 放涼的肉捲切塊，可沾蒜蓉甜辣醬食用。

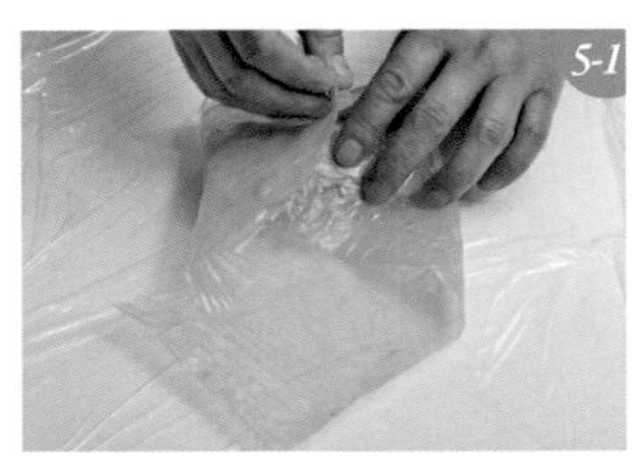

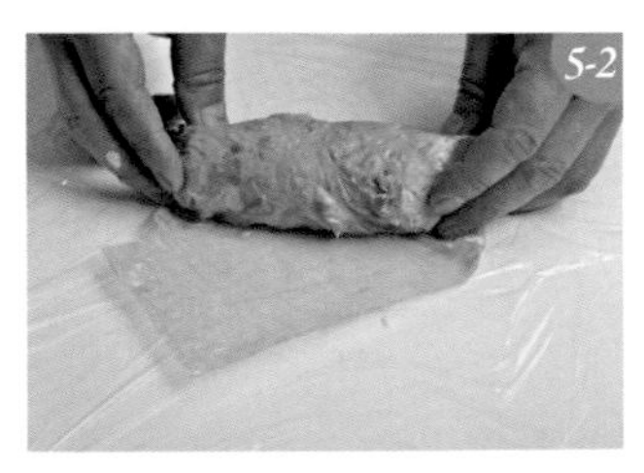

5-2

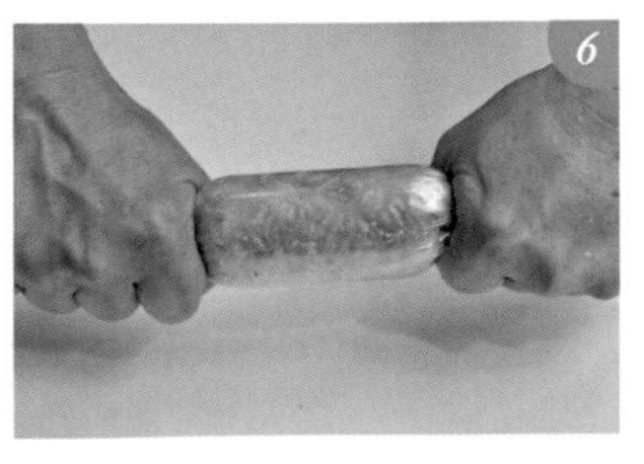

4
人份

蚵嗲

▶小吃故事

「蚵嗲」是在長柄半圓形鐵杓上鋪上混合的菜料及蚵仔，裹上一層粉將後油炸而成的食物，其清甜與鮮味曾躍上國宴餐桌，成為聞名的台灣特色小吃。

材料 Ingredients

・食材

韭菜 200g
洋蔥 30g
嫩薑 20g
鮮蚵 150g

・調味料

鹽 2.5g
白胡椒粉 5g

・沾醬

蒜蓉甜辣醬 80g » P.23

・粉漿

在來米粉 150g
脆酥粉 150g
水 200g

食材處理

作法 Step by Step

前置準備

1 韭菜、洋蔥末和薑末混合拌勻，再加入調味料拌勻成蔬菜餡備用。

2 粉漿材料攪拌均勻備用。

鋪餡裹漿

3 準備一鍋油，以中小火加熱至 140℃，將大湯勺浸入油鍋中，取出後瀝掉多餘油分。

4 大湯勺表面均勻抹上一層粉漿，依序鋪上蔬菜餡、鮮蚵，稍微壓緊實。

5 接著淋上一層粉漿，均勻抹平。

油炸金黃

6 再放入油鍋，炸至蚵嗲定型後脫離大湯勺，繼續炸至呈酥脆金黃色，撈起瀝油。

7 食用時沾蒜蓉甜辣醬即可。

▶沾醬可隨個人喜好換成甜辣醬、蒜蓉醬油膏。

8 個

刈包

材料 Ingredients

• 食材 A

滷豬五花肉	8片 » P.51
酸菜絲	150g
細砂糖	15g
香菜	10g

• 食材 B

花生粉	30g
糖粉	10g

• 麵皮

中筋麵粉	300g
速發酵母	3g
細砂糖	30g
鹽	1.2g
水	160g

食材處理

作法 Step by Step

前置準備

1 酸菜絲放入滾水，以中火汆燙約 30 秒鐘，撈起後用清水洗淨，瀝乾。
▸ 汆燙過的酸菜絲可去除一些鹹味。

2 炒鍋中倒入少許油加熱，加入酸菜絲和細砂糖，以小火炒勻，盛起備用。

3 花生粉和糖粉拌勻備用。

製作麵皮

4 麵皮材料放入調理盆，攪拌成團後揉光滑，放置鬆弛15分鐘。
▸ 也可用電動攪拌機混合成團，更能省時省力。

4-1

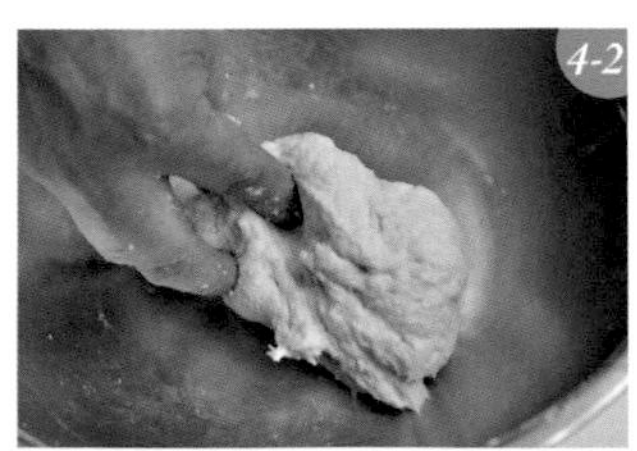
4-2

4-3

作法
Step by Step

5 再分成 8 份，擀平成長度約 12cm 橢圓形。

6 在麵皮上半部均勻抹上一層油。

7 麵皮向上對折，依序完成其他 7 份擀折步驟，靜置發酵約 30 分鐘。

8 對折的麵皮放入蒸籠，以中火蒸約 15 分鐘至熟即可。
▶看到蒸籠上方出現蒸氣（即底鍋水滾），才開始計時 15 分鐘。

夾餡組合

9 取 1 個刈包麵皮攤開，依續夾入滷肉、酸菜、香菜和花生糖粉。

10 再蓋上麵皮，夾起即可食用。

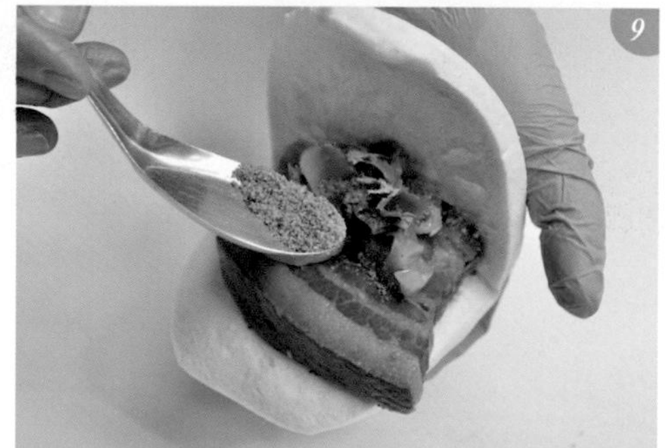

▶小吃故事

刈包亦稱爲割包，爲台灣知名小吃之一，在蒸過的半圓形麵皮中夾入滷肉、酸菜及其他餡料的麵食，原型起源於福建省福州的「虎咬豬」，但經過台灣在地化口味改良後深受大衆所接受。近幾年，除了有傳統白麵皮外，也出現黑糖麵皮，在內餡口味也變化出更多樣化。

15
個

草仔粿

材料 *Ingredients*

・餡料

豬板油	120g
紅蔥頭	60g
蒜頭	40g
豬絞肉	80g
蝦皮	40g
冬蝦	40g
乾蘿蔔絲	80g

・調味料

黑胡椒粒	30g
細砂糖	15g
醬油	15g

・外皮

澄粉	90g
100℃熱水	90g
糯米粉	600g
冷水	360g
細砂糖	180g
純豬油	210g » P.22
海苔粉	10g

食材處理

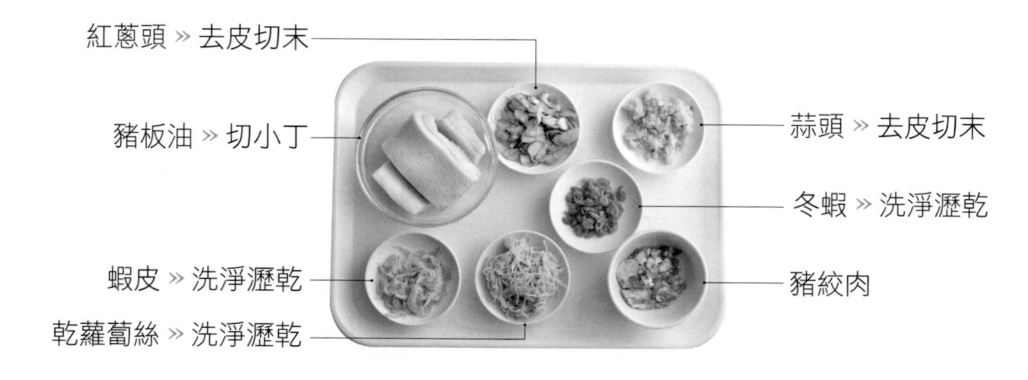

▸小吃故事

草仔粿流行於閩南與台灣等地的傳統食物，因加入可食用草類而得名。早年是中元普渡和掃墓祭拜的食品，現今為日常可見的古早味小吃。

作法
Step by Step

準備餡料

1 豬板油放入鍋中，以小火炸出豬油，撈除油渣。

2 將餡料的其他材料一起放入作法 1 油鍋中。

3 以小火炒香，再加入調味料炒勻，盛起放涼備用。

製作外皮

4 澄粉和100℃熱水混合，用擀麵棍拌勻成雪花片狀。

5 再加入糯米粉、冷水、細砂糖和純豬油，攪拌均勻。

6 接著加入海苔粉，拌勻後揉成淺綠色麵團。
▸以海苔粉替代傳統的鼠麴草。

7 將淺綠色麵團分成 15 份，收口捏緊後滾圓。

包餡蒸熟

8 每個小麵團擀成直徑約 6cm 的圓形。

9 包入適量餡料，收口捏合後搓圓。

10 再整成立體山形，依序完成另外 14 個包餡和整形步驟。

11 蒸籠中墊 1 張蒸籠紙，排入包好餡的粿。
▸蒸籠紙可換成粽葉或竹葉，增加香氣。

12 以中火蒸 20～25 分鐘至熟即可。

1
深盤

蘿蔔糕

▶小吃故事

台灣客家蘿蔔糕簡單沒有太多的配料，以蘿蔔的味道爲主體，和調勻的粉漿混合拌勻，蒸熟後可以沾醬油膏或桔子醬等。

材料 Ingredients

- 冷漿

在來米粉 300g
太白粉 40g
玉米粉 40g
澄粉 40g
水 400g

- 熱漿

白蘿蔔 600g
水 1000g

- 調味料

細砂糖 10g
鹽 20g
雞粉 30g
純豬油 60g » P.22

- 沾醬

蒜蓉甜辣醬 40g » P.23
醬油膏 20g

食材處理

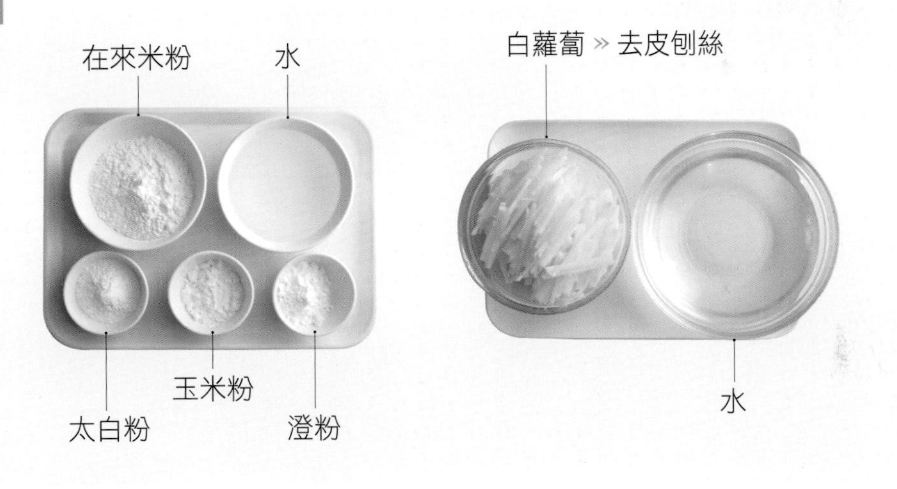

作法 Step by Step

蘿蔔絲粉漿

1 冷漿材料混合拌勻備用。
2 熱漿材料放入鍋中，以中火將白蘿蔔絲煮熟，加入調味料拌勻，關火。
3 將熱漿沖入冷漿，攪拌均勻成蘿蔔絲粉漿。

入模蒸熟

4 準備一個長 25× 寬 20× 高 6cm 深盤，底部抹油。
5 將蘿蔔絲粉漿倒入深盤，表面抹平。
6 放入蒸籠，以中火蒸約 50 分鐘至熟即可。
7 放涼後切片煎過更酥香，搭配沾醬食用。

15
個

彰化肉圓

材料 Ingredients

• 餡料

瘦豬肉 300g
竹筍 300g

• 粉漿

細地瓜粉 150g
太白粉 150g
在來米粉 100g
水 1000g

• 調味料 A

甜辣醬 165g
海山醬 165g
醬油 165g
細砂糖 165g
水 330g

• 芡汁

在來米粉 45g
水 165g

• 調味料 B

醬油 30g
五香粉 2.5g
蒜頭粉 2.5g
白胡椒粉 2.5g
紅蔥酥 30g » P.27

食材處理

作法

Step by Step

製作餡料

1. 調味料 A 以中火煮滾，加入拌勻的芡汁繼續煮滾，關火。
2. 瘦豬肉和調味料 B 拌勻，醃製約 30 分鐘入味。
3. 炒鍋倒入少許油，以小火炒香筍丁、醃入味的瘦豬肉。
4. 接著將作法 1 材料和筍丁瘦豬肉炒勻，即為餡料，盛起備用。

調製粉漿

5. 細地瓜粉、太白粉攪拌均勻備用。
6. 在來米粉和水拌勻後，以小火邊加熱邊攪拌至糊狀，關火即為熱漿。
7. 熱漿待冷卻不燙手，再加入作法 5 中拌勻備用。

填餡蒸熟

8. 小碟底部抹油，抹上一層粉漿。
9. 舀入適量餡料，再抹上一層粉漿，依序完成另外 14 個。
   ▸ 粉漿必須抹均勻且完全覆蓋餡料。
10. 放入蒸籠，以中火蒸約 15 分鐘至熟。

8-1

8-2

9-1

9-2

25
個

生煎包

材料 Ingredients

• 餡料

豬絞肉	1200g
青蔥	150g
嫩薑	75g

• 調味料

雞粉	30g
香油	20g
醬油	30g
白胡椒粉	10g

• 麵皮

中筋麵粉	500g
水	240g
速發酵母	10g
細砂糖	100g

• 其他

生黑芝麻	30g

• 煎煮料

沙拉油	20g
中筋麵粉	40g
水	400g

食材處理

水
中筋麵粉
豬絞肉
速發酵母
細砂糖
青蔥 » 切末
嫩薑 » 切末

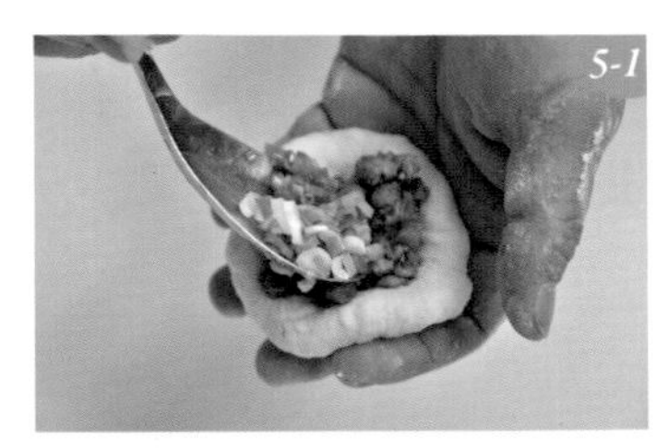
5-1

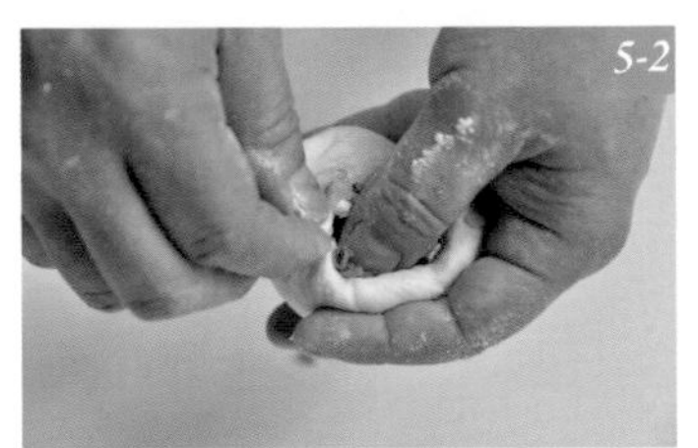
5-2

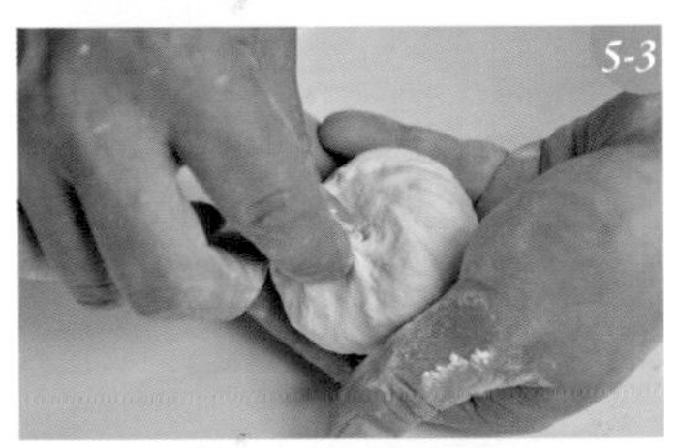
5-3

6

7

作法 — *Step by Step*

製作餡料

1 豬絞肉和雞粉拌勻至有黏性，再加入香油、醬油和白胡椒粉，拌勻。

2 接著加入青蔥末、薑末，拌勻備用。

製作麵皮

3 麵皮材料放入調理盆，攪拌成團後揉光滑，放置鬆弛 15 分鐘。

4 再分成 25 份，收口捏合後滾圓，稍微壓扁。

包餡煎熟

5 每個麵皮包入適量餡料，收口捏合成包子狀，靜置發酵 20 分鐘。

6 水煎包排入平底鍋，倒入拌勻的煎煮料，用小火煎熟，翻面後撒上生黑芝麻。

7 繼續煎至底部呈金黃色即可盛起。

▸ 煎好的生煎包可依個人喜好選擇沾醬，例如：蒜蓉甜辣醬。

12
碗

碗粿

材料 — *Ingredients*

• 餡料

鹹蛋黃 …… 6個（90g）
蘿蔔乾碎 …… 80g
豬絞肉 …… 80g
冬蝦 …… 40g
紅蔥頭 …… 60g
乾香菇 …… 3g

• 調味料

醬油 …… 30g
細砂糖 …… 15g
白胡椒粉 …… 10g

• 淋醬

醬油膏 …… 180g

• 粉漿

在來米粉 …… 600g
馬蹄粉 …… 40g
澄粉 …… 40g
冷水 …… 600g
100℃熱水 …… 1200g

食材處理

作法 Step by Step

製作餡料

1 鹹蛋黃放入烤箱，以180℃烤約10分鐘至產生香氣，取出後盛入碗中。

2 炒鍋中倒入少許油，以小火炒香蘿蔔乾碎、豬絞肉、冬蝦、紅蔥頭和乾香菇。

3 加入調味料炒勻，再平均填入裝鹹蛋黃的碗中。

製作粉漿

4 在來米粉、馬蹄粉、澄粉和冷水攪拌均勻，再沖入熱水拌勻成粉漿。

5 將粉漿平均舀入裝餡料的碗中。

蒸熟

6 再放入蒸籠，以中火蒸20～25分鐘至熟，食用時淋上醬油膏即可。

20
個

地瓜竹筍包

材料 — Ingredients

・餡料

竹筍	600g
瘦豬肉	600g
乾香菇	4g
冬蝦	30g

・調味料

紅蔥酥	50g » P.27
醬油	30g
鹽	5g
白胡椒粉	2.5g
細砂糖	15g

・地瓜皮

地瓜	1500g
樹薯粉	525g
糯米粉	75g
細砂糖	150g

食材處理

作法 — Step by Step

製作餡料

1 竹筍放入滾水，以中火煮熟，撈起瀝乾備用。

2 炒鍋倒入少許油，以小火炒香瘦豬肉、乾香菇、冬蝦後。

3 再，加入筍丁和調味料，炒勻即為餡料。

製作地瓜皮

4 地瓜用電鍋蒸熟，和樹薯粉、糯米粉和細砂糖拌勻。

▶ 地瓜趁熱拌入粉料和細砂糖，比較容易拌勻。

5 搓揉至不黏手的團狀，再分成 20 份。

6 每個地瓜麵團壓扁，包入適量餡料，收口捏合後搓圓，依序完成另外 19 個。

7 再排入鋪蒸籠紙的蒸籠，以小火蒸約 25 分鐘至熟即可。

15
個

胡椒餅

材料 Ingredients

• 餡料

豬絞肉	600g
青蔥	120g

• 調味料

醬油	30g
黑胡椒粉	15g
白胡椒粉	15g
鹽	1.2g
五香粉	1.2g
香油	30g
細砂糖	15g

• 水皮

中筋麵粉	400g
豬油	40g
細砂糖	30g
速發酵母	5g
水	220g

• 油皮

低筋麵粉	140g
純豬油	70g » P.22

• 其他

雞蛋	2 顆（100g）
生白芝麻	80g

食材處理

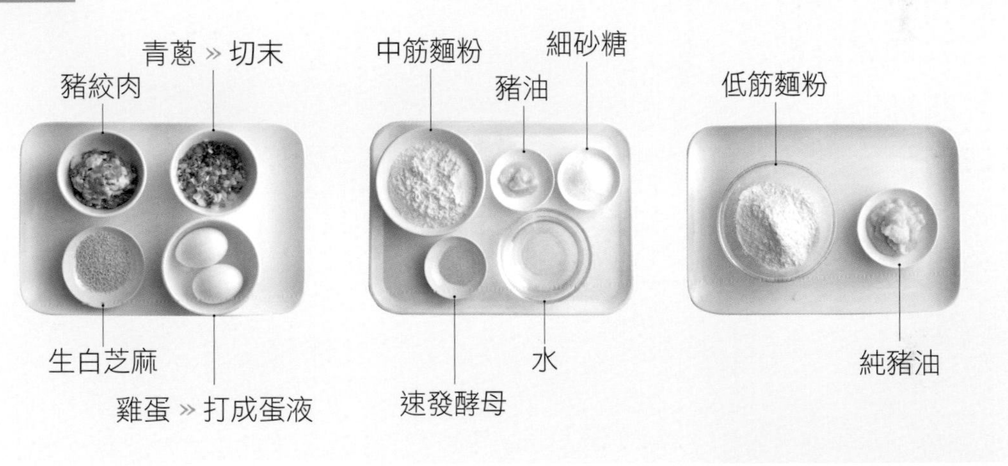

作法 Step by Step

製作肉餡

1 豬絞肉加入調味料，攪拌至有黏性，冷藏約 1 小時入味。

製作水油皮

2 水皮材料放入調理盆，攪拌成光滑麵團，靜置鬆弛 10 分鐘。

3 油皮材料放入另一個調理盆，攪拌成團即可。

4 將水皮、油皮各分成 15 份。

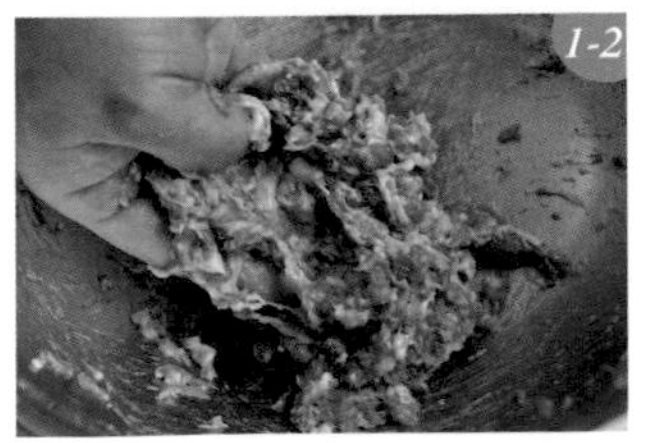

作法 — *Step by Step*

5 取 1 份水皮包入油皮，收口捏合，依序完成另外 14 份水油皮。

6 用擀麵棍將包好的水油皮擀成長橢圓形，再推捲成短圓柱。

▶擀捲時力道需一致，捲好的水油皮才會漂亮。

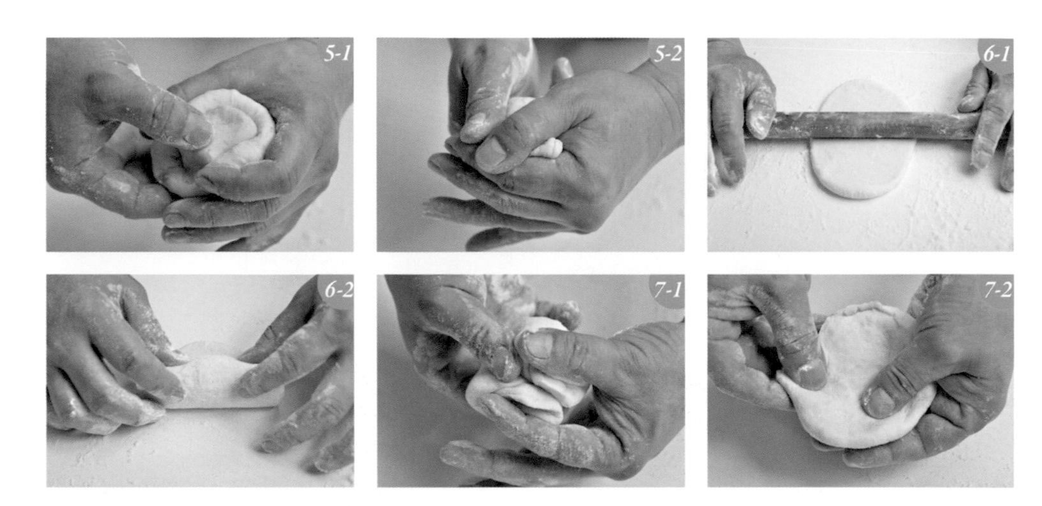

包餡烘烤

7 從兩端往中間捏合，壓扁。

8 再包入適量肉餡及蔥末，收口捏合。

9 表面塗上蛋液，再沾上生白芝麻，靜置醒 20 分鐘。

10 排入烤盤後放入烤箱，以上下火 200℃烤約 25 分鐘至熟呈金黃色即可。

▶每台烤箱性能有些許差異，這裡標示的烤溫和時間可依情況適當調整。

Chapter 6 甜點冰品類

1
深盤

九層糕

材料 *Ingredients*

・黑糖粉漿

- 在來米粉 180g ①
- 地瓜粉 85g ②
- 水 800g ③
- 黑糖 200g ④

・白糖粉漿

- 在來米粉 145g ⑤
- 地瓜粉 70g ⑥
- 水 650g ⑦
- 細砂糖 20g ⑧

作法 *Step by Step*

製作黑糖粉漿

1 黑糖粉漿所有材料放入調理盆，充分拌勻。

2 再移至瓦斯爐上，以小火邊加熱邊攪拌成糊狀。

▶加熱時不宜大火，並且需邊加熱邊攪拌，避免粉漿焦黑。

3 再盛入一樣大的碗中，分成 5 份備用。

製作白糖粉漿

4 白糖粉漿所有材料放入調理盆，充分拌勻。

5 再移至瓦斯爐上，以小火邊加熱邊攪拌成糊狀。

6 再盛入一樣大的碗中，分成 4 份備用。

粉漿組合

7 準備一個長 25×寬 20×高 6cm 深盤，鋪上一層保鮮膜。
▸深盤中先鋪保鮮膜，方便後續脫模。

8 先倒入 1 份黑漿，放入蒸籠，以中火蒸 3 分鐘至半凝固，取出。
▸每倒入一層粉漿必須先蒸過，才能繼續倒粉漿，並且黑白交錯。

9 再倒入 1 份白漿，以中火蒸 3 分鐘至半凝固。

10 依序倒入一層黑漿、一層白漿，共完成 9 層蒸製。

11 再繼續蒸 10 分鐘，取出後脫模，放涼切小塊即可。

8-1

8-2

8-3

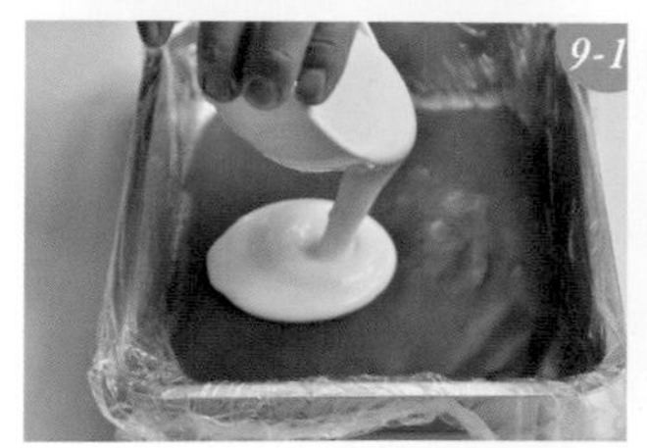
9-1

9-2

11

1
深盤

黑糖糕

材料 Ingredients

・黑糖麵糊

中筋麵粉……600g ①
太白粉……250g ②
糯米粉……50g ③
泡打粉……40g ④
黑糖……600g ⑤
水……900g ⑥

作法 Step by Step

製作黑糖麵糊

1 中筋麵粉、太白粉、糯米粉和泡打粉混合後過篩於調理盆。
▸粉類先過篩，可減少麵糊結塊現象。

2 黑糖和水，以小火邊加熱邊攪拌至糖熔化，關火後放置一旁冷卻。

入模蒸製

3 準備一個長 25× 寬 20× 高 6cm 深盤，鋪上一層保鮮膜。
▸深盤中先鋪保鮮膜，方便後續脫模。

4 拌勻的黑糖水倒入作法 1 中，攪拌均勻後裝入深盤。

5 以中火蒸 25 分鐘至熟，取出後脫模，待冷卻即可切小塊。

30
個

地瓜球

材料 Ingredients

・地瓜泥

地瓜 ⋯⋯ 1000g » 去皮切小塊 ①
太白粉 ⋯⋯ 600g ②
細砂糖 ⋯⋯ 250g ③

作法 Step by Step

蒸熟地瓜泥

1 地瓜放入蒸籠，以中火蒸約 20 分鐘至熟，取出後立即壓成泥。

2 待涼不燙手後，加入太白粉和細砂糖，攪拌成團狀。

分割

3 將地瓜粉團分成約 1cm 大丁，分別搓成圓形。

油炸金黃

4 地瓜球放入 150℃ 油鍋中，炸至膨脹浮起，撈起瀝乾即可。

1
深盤

客家麻糬

材料 Ingredients

・外皮

糯米粉	600g	①
細砂糖	225g	②
煉奶	40g	③
水	750g	④

・糖餡

花生粉	150g	⑤
糖粉（A）	15g	⑥
黑芝麻粉	150g	⑦
糖粉（B）	15g	⑧

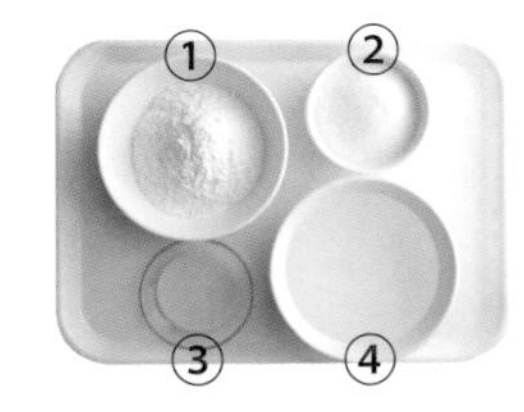

作法 Step by Step

製作外皮

1 糯米粉、細砂糖、煉奶和水攪拌均勻。

2 放入蒸籠，以中火蒸 30 分鐘至熟，取出待涼。

製作糖餡

3 花生粉加糖粉（A）拌勻；黑芝麻粉加糖粉（B）拌勻，備用。

沾裹糖餡

4 放涼的麻糬取一口大小，再沾上花生糖粉或芝麻糖粉即可。

▸食用時再沾糖粉，比較能吃到花生和芝麻的酥香味。

80
個

芝麻球

材料 Ingredients

・外皮

糯米粉 600g ①
水 450g ②
細砂糖 150g ③
澄粉 150g ④
100℃熱水 150g ⑤
純豬油 150g » P.22 ⑥

・餡料

蓮蓉餡 1000g ⑦
生白芝麻 300g ⑧
生黑芝麻 60g ⑨

作法 Step by Step

製作外皮

1 糯米粉、水、細砂糖混合拌勻。

2 澄粉放入鋼盆中，沖入100℃熱水，用擀麵棍快速拌勻成雪花片狀。
▶熱水倒入澄粉後，必須用擀麵棍立即攪拌。

3 再放入作法1，純豬油分兩次加，繼續揉均勻成團狀。

4 麵團放入冰箱冷藏15～20分鐘，取出後分成80個。

包餡沾芝麻

5 蓮蓉餡分成80個；生白芝麻、生黑芝麻混合，備用。

6 每個麵皮包入1個蓮蓉餡，收口捏緊後搓圓，外層裹上一層黑白芝麻。

油炸金黃

7 再放入160℃油鍋中，炸至熟且金黃，撈起瀝乾即可。

4
人份

雙色芋圓

材料 Ingredients

- 外皮

芋頭 …… 600g » 去皮切小塊 ①
糯米粉 …… 200g ②
樹薯粉 …… 400g ③
抹茶粉 …… 60g ④

- 糖水

黑糖 …… 400g ⑤
二砂糖 …… 200g ⑥
水 …… 2600g ⑦

作法 Step by Step

製作雙色麵團

1 芋頭放入蒸籠，以中火蒸約 20 分鐘至熟。

2 糯米粉放入鋼盆，沖入 200g 熱水（100℃），立即用擀麵棍攪拌至半熟狀態，當作麵種。

3 蒸熟的芋頭和樹薯粉、糯米粉麵種混合拌勻。

4 將芋頭麵團分成 2 份，取 1 份加入抹茶粉再拌勻成綠色。
▸如果麵團太乾，可以加入適量水調節軟硬度。

分割

5 將兩份麵團分別搓成長條，再切成 1.5cm 小丁，

6 兩種顏色的麵團分別搓圓。

製作糖水

7 糖水材料拌勻，以中火煮滾後冷卻，再放入冰箱冰涼備用。

8 將雙色芋圓放入滾水中，以中火煮至浮起，撈起瀝乾，加入冰糖水即可食用。

4-1

4-2

5-1

5-2

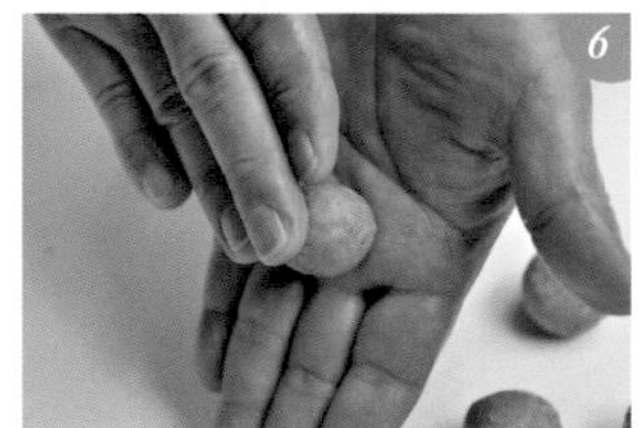
6

8

40
個

彩色涼圓

材料 Ingredients

・粉漿外皮

樹薯粉 200g ①
太白粉 100g ②
100℃熱水 400g ③
冷水 250g ④

・內餡

綠色哈密瓜 500g » 去籽⑤
橘色哈密瓜 500g » 去籽⑥
紅豆沙餡 200g ⑦

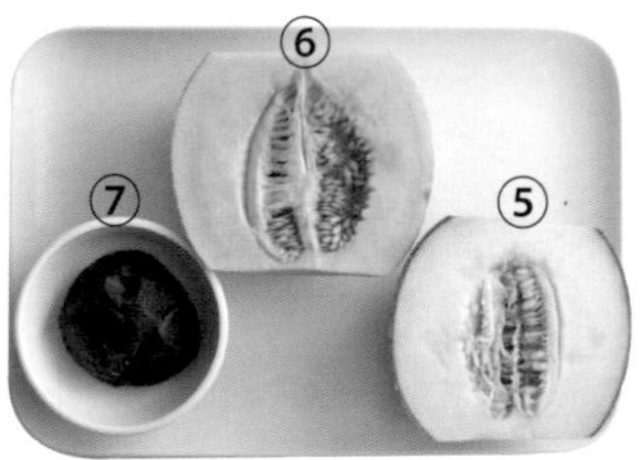

作法 Step by Step

製作粉漿外皮

1 樹薯粉和太白粉混合拌勻，沖入100℃熱水，立即用擀麵棍拌勻即為燙麵。

2 慢慢加入冷水調整軟硬度，攪拌成糊狀備用。

▸冷水不必全部倒入，可以慢慢加調整粉漿稀稠狀。

分餡

3 將紅豆沙餡分成20份，分別搓圓，冷藏冰涼備用。

4 用挖球器或小湯匙挖出兩種哈密瓜果肉，各約10個。

包餡蒸熟

5 將紅豆沙餡、哈密瓜果肉分別沾裹一層麵糊。

6 再置於蒸籠紙上，放入蒸籠後以中火蒸5～8分鐘至外皮粉漿熟。

7 將蒸熟的涼圓放在碎冰上，冰鎮即可食用。

▸碎冰可快速降溫，冰涼即可食用。

1

2-1

2-2

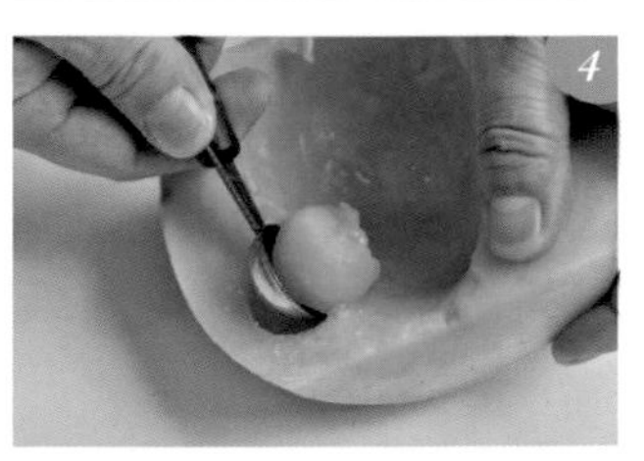
4

5

6

4
人份
花生豆花

材料 Ingredients

・豆花

無糖濃豆漿 1000g ①
豆花粉 30g ②
冷開水 220g ③
熟花生仁 80g ④

・糖水

二砂糖 400g ⑤
鹽 4g ⑥
水 1000g ⑦
老薑 80g » 表皮洗淨切片⑧

作法 Step by Step

製作豆花

1 豆花粉和冷開水放入湯鍋，攪拌均勻。

2 無糖濃豆漿倒入另一個湯鍋，以小火加熱至76～82℃，關火。
▶豆漿加熱至76～82°C，和豆花粉水結合的組織才會細緻。

3 加熱的無糖濃豆漿提高後沖入作法1的豆花粉水中。
▶豆漿沖入後不可攪拌和晃動，以免影響凝固。

4 蓋上鍋蓋，靜置30分鐘待凝固。

製作糖水

5 二砂糖放入炒鍋，以小火乾炒至金黃色。

6 再加入鹽、水和老薑片，以中火煮滾後轉小火，續煮10分鐘，關火。

7 撈除老薑片後冷卻冰涼備用。

組合

8 將凝固的豆花舀入碗中，加入花生仁及糖水即可。
▶可依個人喜好加入紅豆、綠豆等配料。

▶小吃故事

豆花又稱豆腐花、豆腐腦或豆凍，是由黃豆製成的凍狀食品，通常是加入糖水做成甜味，也會搭配紅豆、綠豆或花生仁等一起食用。據說漢朝劉安爲長年生病的母親備餐，由於黃豆營養價值非常高，便將黃豆漿和鹽滷製成柔軟滑嫩的豆花，從此廣爲流傳至今。

4
人份

米苔目冰

材料 Ingredients

• 米苔目

在來米粉（A）	100g	①
水（A）	320g	②
在來米粉（B）	100g	③
樹薯粉	100g	④
水（B）	60g	⑤

• 糖水和碎冰

二砂糖	125g	⑭
水	500g	⑮
碎冰	300g	⑯

• 配料

地瓜	150g » 去皮切小丁	⑥
二砂糖（A）	40g	⑦
芋頭	150g » 去皮切小丁	⑧
二砂糖（B）	40g	⑨
紅豆	150g » 洗淨瀝乾	⑩
二砂糖（C）	40g	⑪
綠豆	150g » 洗淨瀝乾	⑫
二砂糖（D）	40g	⑬

材料

Ingredients

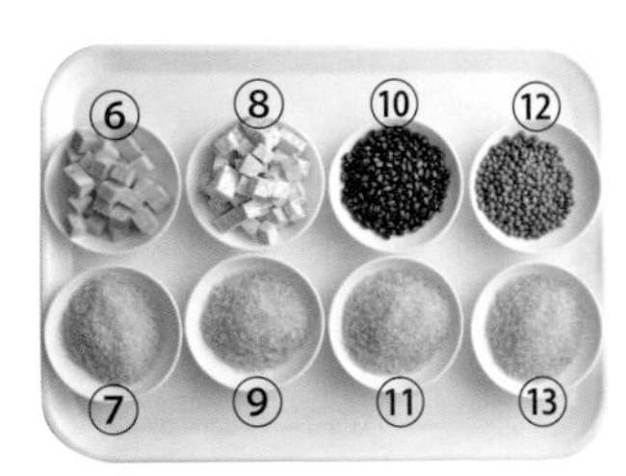

作法

Step by Step

製作米苔目

1 在來米粉（A）、水（A）放入鍋中，以小火邊加熱邊拌勻，煮至糊化狀態，關火。

2 待不燙手再加入在來米粉（B）、樹薯粉和水（B），拌勻成麵團。

▶ 可用冷水量調節麵團軟硬度。

3 準備一鍋水，以中火煮至 85℃，麵團透過細孔器具入鍋煮。

4 煮至浮起來即可撈起，再泡入冰水降溫。

製作配料

5 地瓜、二砂糖（A）放入鍋中，以大火煮滾轉小火煮 20 分鐘成蜜地瓜。

6 芋頭、二砂糖（B）放入鍋中，以大火煮滾轉小火煮 20 分鐘成蜜芋頭。

7 紅豆、二砂糖（C）放入鍋中，以大火煮滾轉小火煮 60 分鐘成蜜紅豆。

8 綠豆、二砂糖（D）放入鍋中，以大火煮滾轉小火煮 50 分鐘成蜜綠豆。

糖水組合

9 二砂糖和水，以中火煮滾成糖水，冰涼備用。

10 將米苔目平均放入碗中、依序加入配料，倒入適量糖水及碎冰即可。

3-1

3-2

4-1

4-2

4
人份

黑糖粉粿

材料 *Ingredients*

・粉粿

地瓜粉	225g	①
太白粉	75g	②
水（A）	500g	③
黃梔子	15g	④
水（B）	1000g	⑤

・黑糖漿

黑糖	100g	⑥
鹽	0.3g	⑦
水	300g	⑧

作法 *Step by Step*

製作粉粿

1 地瓜粉、太白粉和水（A）混合拌勻備用。

2 黃梔子和水（B）放入鍋中。

3 以中火煮滾轉小火，立即撈除黃梔子。

4 倒入調好的作法 1 粉漿，邊加熱邊拌勻至愈來愈黏稠，關火。

5 再放入蒸籠，以中火蒸 20 分鐘至透明，取出降溫，冰涼。

▸剛蒸好的粉粿非常黏，放涼後比較好切。

黑糖漿組合

6 黑糖漿材料以中火煮成黑糖漿，關火後降溫，冰涼。

7 將粉粿切塊後盛入碗中，加入黑糖漿即可。

▸自製粉粿不宜冷藏太久，容易讓組織變得乾硬。

2

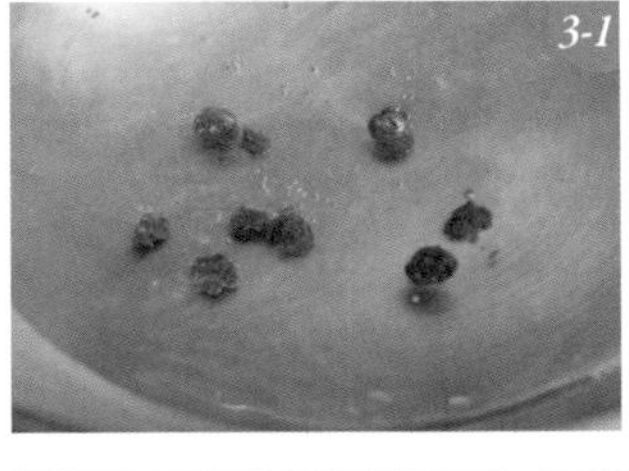
3-1

3-2

4-1

4-2

5

4 人份

檸檬愛玉

材料 Ingredients

・愛玉

愛玉籽……1袋（40～50g）①
冷開水……2000g ②

・糖水

細砂糖……250g ③
鹽……1g ④
水……1000g ⑤
蜂蜜……50g ⑥
檸檬汁……100g ⑦
檸檬……1個 » 切片 ⑧

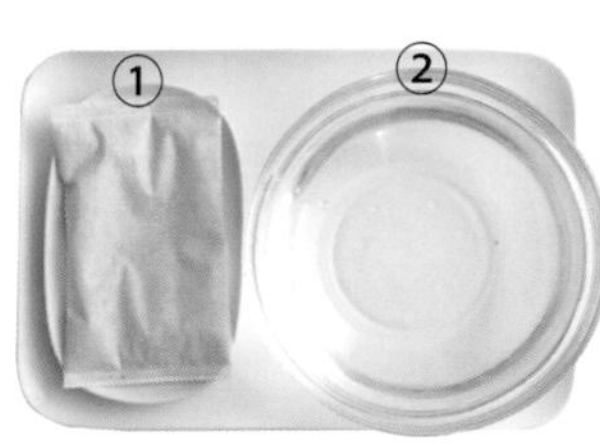

作法 Step by Step

製作愛玉

1. 愛玉籽袋放入冷開水中，搓揉到有膠質釋出，水也稍微變淡黃色。
   ▸ 愛玉籽和水的比例大約是 1：50。
2. 取出愛玉籽袋，將搓揉好的愛玉湯汁冷藏至凝固。

糖水組合

3. 細砂糖、鹽和水放入鍋中，以中火煮至糖熔化，關火。
   ▸ 糖水加入少許鹽，可減少甜膩感。
4. 加入蜂蜜和檸檬汁，拌勻後冷藏至冰涼。
5. 愛玉凍切小塊，倒入檸檬蜂蜜糖水，加入檸檬片即可。

麻豆綠豆蒜

4 人份

材料 Ingredients

・綠豆蒜

- 脱殼綠豆仁 300g ①
- 地瓜粉 90g ②
- 水 180g ③

・糖水

- 黑糖 150g ④
- 二砂糖 150g ⑤
- 水 1200g ⑥
- 鹽 0.3g ⑦

作法 Step by Step

蒸綠豆仁

1 脱殼綠豆仁洗淨後瀝乾，放入電鍋，外鍋倒入 2 杯量米杯水，蒸熟。

製作糖水

2 黑糖、二砂糖放入鍋中，以小火煮成焦糖。

▸加入的兩種糖，可讓糖水有不同風味的層次感。

3 再加入 1200g 水及鹽，拌勻並煮滾。

組合勾芡

4 接著加入蒸熟的綠豆蒜，並倒入拌勻的地瓜粉水勾芡，煮滾即可。

4 杯

檸檬山粉圓

材料 Ingredients

・山粉圓

水 ………… 2000g ①
山粉圓 ………… 60g ②

・檸檬糖水

冰糖 ………… 300g ③
檸檬汁 ………… 80g ④
檸檬片 ………… 40g ⑤

作法 Step by Step

烹調組合

1. 將水倒入鍋中，以中火煮滾。
2. 加入山粉圓及冰糖，攪拌至冰糖熔化，關火。
3. 放涼冰鎮後，加入檸檬汁及檸檬片即可。

4 杯

珍珠奶茶

材料 Ingredients

・黑糖粉圓

粉圓 150g ①
黑糖 150g ②

・其他

水 1200g ③
紅茶包 2g ④
鮮奶 400g ⑤
果糖 120g ⑥

作法 Step by Step

製作黑糖粉圓

1 粉圓放入滾水，以小火煮 10 分鐘、關火後蓋上鍋蓋，燜 30 分鐘。
▶粉圓和水的比例 1：6，以蓋過粉圓為宜。

2 撈起粉圓，和黑糖拌勻備用。

煮紅茶

3 將 1200g 水煮滾，關火後立即加紅茶包，浸泡 3 ～ 5 分鐘，放涼。

組合

4 紅茶、鮮奶和果糖放入雪克杯，可放入適量碎冰，搖晃均勻。

5 再倒入裝粉圓的杯子即可。

5 杯

冬瓜檸檬

材料 Ingredients

・冬瓜糖水

水 ---- 2500g ①
冬瓜糖塊 ---- 550g ②

・其他

檸檬汁 ---- 250g ③
碎冰 ---- 1000g ④

作法 Step by Step

烹調組合

1 將水倒入鍋中，以中火煮滾。
2 放入冬瓜糖塊，煮到完全熔化並煮滾，關火。
3 放涼冰鎮後，加入檸檬汁及碎冰即可。
▶可倒入製冰盒製成檸檬冰磚。

台灣小吃 輕鬆上手

高成功率配方，一次學會大廚美味技法！

書　　名　台灣小吃輕鬆上手：
　　　　　高成功率配方，一次學會大廚美味技法！
作　　者　潘岱儒（阿儒師）
資深主編　葉菁燕
美編設計　ivy_design
攝　　影　周禎和

發 行 人　程安琪
總 編 輯　盧美娜
發 行 部　侯莉莉
財 務 部　許麗娟
印　　務　許丁財
法律顧問　樸泰國際法律事務所許家華律師

藝文空間　三友藝文複合空間
地　　址　106 台北市大安區安和路二段 213 號 9 樓
電　　話　（02）2377-1163

出 版 者　橘子文化事業有限公司
總 代 理　三友圖書有限公司
地　　址　106 台北市安和路 2 段 213 號 9 樓
電　　話　（02）2377-1163、（02）2377-4155
傳　　真　（02）2377-1213、（02）2377-4355
E-mail　service@sanyau.com.tw
郵政劃撥　05844889 三友圖書有限公司

總 經 銷　大和書報圖書股份有限公司
地　　址　新北市新莊區五工五路 2 號
電　　話　（02）8990-2588
傳　　真　（02）2299-7900

初　　版　2022 年 05 月
一版二刷　2023 年 06 月

定　　價　新臺幣 465 元
I S B N　978-986-364-190-2（平裝）

國家圖書館出版品預行編目(CIP)資料

台灣小吃輕鬆上手：高成功率配方，一次學會大廚美味技法！
/潘岱儒(阿儒師)作. -- 初版. -- 臺北市：
橘子文化事業有限公司, 2022.05
　面；　公分
ISBN 978-986-364-190-2(平裝)

1.食譜　2.小吃　3.臺灣

427.133　　　111004942

三友官網

三友 Line@

五味八珍的餐桌 品牌故事

60年前，傅培梅老師在電視上，示範著一道道的美食，引領著全台的家庭主婦們，第二天就能在自己家的餐桌上，端出能滿足全家人味蕾的一餐，可以說是那個時代，很多人對「家」的記憶，對自己「母親味道」的記憶。

程安琪老師，傳承了母親對烹飪教學的熱忱，年近 70 的她，仍然為滿足學生們對照顧家人胃口與讓小孩吃得好的心願，幾乎每天都忙於教學，跟大家分享她的烹飪心得與技巧。

安琪老師認為：烹飪技巧與味道，在烹飪上同樣重要，加上現代人生活忙碌，能花在廚房裡的時間不是很穩定與充分，為了能幫助每個人，都能在短時間端出同時具備美味與健康的食物，從 2020 年起，安琪老師開始投入研發冷凍食品。

也由於現在冷凍科技的發達，能將食物的營養、口感完全保存起來，而且在不用添加任何化學元素情況下，即可將食物保存長達一年，都不會有任何質變，「急速冷凍」可以說是最理想的食物保存方式。

在歷經兩年的時間裡，我們陸續推出了可以用來做菜，也可以簡單拌麵的「鮮拌醬料包」、同時也推出幾種「成菜」，解凍後簡單加熱就可以上桌食用。

我們也嘗試挑選一些熟悉的老店，跟老闆溝通理念，並跟他們一起將一些有特色的菜，製成冷凍食品，方便大家在家裡即可吃到「名店名菜」。

傳遞美味、選材惟好、注重健康，是我們進入食品產業的初心，也是我們的信念。

程安琪老師研發的冷凍調理包，讓您在家也能輕鬆做出營養美味的料理。

省調味 × 超方便 × 輕鬆煮 × 多樣化 × 營養好

選用國產天麴豬，符合潔淨標章認證要求，我們在材料和製程方面皆嚴格把關，保證提供令大眾安心的食品。

三友官網　五味八珍的餐桌官網　五味八珍的餐桌 FB　程安琪鮮拌味 FB　程安琪入廚 40 年 FB　五味八珍的餐桌 LINE @

冷凍醬料調理包

香菇蕃茄紹子

歷經數小時小火慢熬蕃茄，搭配香菇、洋蔥、豬絞肉，最後拌炒獨家私房蘿蔔乾，堆疊出層層的香氣，讓每一口都衝擊著味蕾。

雪菜肉末

台菜不能少的雪裡紅拌炒豬絞肉，全雞熬煮的雞湯是精華更是秘訣所在，經典又道地的清爽口感，叫人嘗過後欲罷不能。

麻辣紹子

麻與辣的結合，香辣過癮又銷魂，採用頂級大紅袍花椒，搭配多種獨家秘製辣椒配方，雙重美味、一次滿足。

北方炸醬

堅持傳承好味道，鹹甜濃郁的醬香，口口紮實、色澤鮮亮、香氣十足，多種料理皆可加入拌炒，迴盪在舌尖上的味蕾，留香久久。

冷凍家常菜

一品金華雞湯

使用金華火腿（台灣）、豬骨、雞骨熬煮八小時打底的豐富膠質湯頭，再用豬腳、土雞燜燉 2 小時，並加入干貝提升料理的鮮甜與層次。

靠福・烤麩

一道素食者可食的家常菜，木耳號稱血管清道夫，花菇為菌中之王，綠竹筍含有豐富的纖維質。此菜為一道冷菜，亦可微溫食用。

3種快速解凍法

想吃熱騰騰的餐點，就是這麼簡單

1. 回鍋解凍法
將醬料倒入鍋中，用小火加熱至香氣溢出即可。

2. 熱水加熱法
將冷凍調理包放入熱水中，約 2 ～ 3 分鐘即可解凍。

3. 常溫解凍法
將冷凍調理包放入常溫水中，約 5 ～ 6 分鐘即可解凍。

私房菜

純手工製作，交期較久，如有需要請聯繫客服
02-23771163

程家大肉

紅燒獅子頭

頂級干貝 XO 醬